外国人
建設労働者の
現場受入れの
ポイント

建設労務安全研究会 編

労働新聞社

はじめに

外国人技能実習制度は、我が国では「国際協力の一環として、開発途上国等へ我が国の技術・技能を移転するため、積極的に受入れを推進する」とし、これを推奨しています。

諸外国の青壮年労働者を日本の産業界に「技能実習生」として受け入れ、我が国の産業・職業上の技術・技能・知識を習得してもらい、帰国後に日本で習得した技能等を活かして、それぞれの母国の産業発展に寄与していただくことを目的とした制度です。

2016 年（平成 28 年）11 月 28 日、「外国人の技能実習の適正な実施及び技能実習生の保護に関する法律（技能実習法）」が公布され、2017 年（平成 29 年）11 月 1 日に施行されました。従来は「出入国管理及び難民認定法」（昭和 26 年政令第 319 号。以下「入管法」という。）とその省令を根拠法令として実施されてきましたが、技能実習制度の見直しに伴い、新たに技能実習法とその関連法令が制定され、これまで入管法令で規定されていた多くの部分が、この技能実習法令で規定されることになりました。

しかしながら 2018 年（平成 30 年）12 月 8 日、臨時国会において「入管法」及び「法務省設置法」の一部を改正する法律が成立し、同月 14 日に交付されました（平成 30 年法律第 102 号）。日本では 1997 年（平成 9 年）をピークに生産年齢人口が減少しており、2018 年（平成 30 年）の入管法等の改正では、特に国内では充分な人材が確保できない 14 分野の業種について「特定産業分野」として外国人が現場作業などで就労できるように外国人労働者としての在留資格「特定技能」を新設し、広い範囲で労働を行うことができるようにしました。

技能実習制度は、国際協力の推進を目的としていますが、一方、特定技能は、**人材不足が顕著な業種への労働力の確保**が目的であり、全く異なる制度であります。

このような現状のなかで、建設業における外国人技能実習制度および新たな在留資格「特定技能」について、その意義・内容を正しく理解した上で、外国人労働者に現場で働いていただくことが大切です。

そこで本書は、外国人技能実習制度、新たな在留資格「特定技能」について解説し、あわせて不法就労の防止についても記述しました。建設業における外国人労働者について知識を深めていただければ幸いです。

令和元年 11 月

建設労務安全研究会　理事長　本多 敦郎
労務管理委員会　　　委員長　細谷 浩昭

目　次

Ⅰ　出入国管理及び難民認定法（入管法）

Ⅱ　外国人技能実習制度と外国人建設就労者

Ⅳ 現場における受入れ

Ⅴ 不法就労の防止

Ⅵ 参考資料

I

出入国管理及び難民認定法（入管法）

❶ 在留資格

1．在留資格の種類

我が国に入国する外国人は、すべて「出入国管理及び難民認定法（以下「入管法」）」により規定された在留資格が与えられます。この在留資格は全部で29種類あり、在留資格ごとに、その範囲内での活動が認められています（在留資格一覧表参照）。

2018年（平成30年）12月8日、第197回国会（臨時会）において「出入国管理及び難民認定法及び法務省設置法の一部を改正する法律」が成立し、同月14日に公布されました（平成30年法律第102号）。

この改正法は、在留資格「特定技能1号」「特定技能2号」の創設、出入国在留管理庁の設置等を内容とするものです。

●改正のポイント

新たな外国人材受入れのための在留資格の創設

① **在留資格「特定技能1号」「特定技能2号」の創設**

(1) 特定技能1号：不足する人材の確保を図るべき産業上の分野に属する相当程度の知識または経験を要する技能を要する業務に従事する外国人向けの在留資格

(2) 特定技能2号：同分野に属する熟練した技能を要する業務に従事する外国人向けの在留資格

② **受入れのプロセス等に関する規定の整備**

(1) 分野横断的な方針を明らかにするための「基本方針」（閣議決定）に関する規定

(2) 受入れ分野ごとの方針を明らかにするための「分野別運用方針」に関する規定

(3) 具体的な分野名等を法務省令で定めるための規定

(4) 特定技能外国人が入国する際や受入れ機関等を変更する際に審査を経る旨の規定

(5) 受入れの一時停止が必要となった場合の規定

③ **外国人に対する支援に関する規定の整備**

(1) 受入れ機関に対し、支援計画を作成し、支援計画に基づいて、特定技能1号外国人に対する日常生活上、職業生活上または社会生活上の支援を実施することを求める。

(2) 支援計画は、所要の基準に適合することを求める。

④　受入れ機関に関する規定の整備

(1) 特定技能外国人の報酬額が日本人と同等以上であることなどを確保するため、特定技能外国人と受入れ機関との間の雇用契約は、所要の基準に適合することを求める。

(2) ａ）雇用契約の適正な履行やｂ）支援計画の適正な実施が確保されるための所要の基準に適合することを求める。

⑤　登録支援機関に関する規定の整備

(1) 受入れ機関は、特定技能１号外国人に対する支援を登録支援機関に委託すれば、④ (2) ｂ）の基準に適合するものとみなされる。

(2) 委託を受けて特定技能１号外国人に対する支援を行う者は、出入国在留管理庁長官の登録を受けることができる。

(3) その他登録に関する諸規定

⑥　届出、指導・助言、報告等に関する規定の整備

(1) 外国人、受入れ機関および登録支援機関による出入国在留管理庁長官に対する届出規定

(2) 出入国在留管理庁長官による受入れ機関および登録支援機関に対する指導・助言規定、報告徴収規定等

(3) 出入国在留管理庁長官による受入れ機関に対する改善命令規定

⑦　特定技能２号外国人の配偶者および子に対し在留資格を付与することを可能とする規定の整備

⑧　その他関連する手続・罰則等の整備

（注）特定技能１号外国人：特定技能１号の在留資格を持つ外国人
特定技能２号外国人：特定技能２号の在留資格を持つ外国人
特定技能外国人：これらの外国人の総称

法務省の任務の改正

法務省の任務のうち、出入国管理に関する部分を「出入国の公正な管理」から「出入国及び在留の公正な管理」に変更する。

出入国在留管理庁の設置

(1) 法務省の外局として「出入国在留管理庁」を設置し、同庁の長を出入国在留管理庁長官とする。

(2) 出入国在留管理庁の任務

ア　出入国および在留の公正な管理を図ること

イ　アの任務に関連する特定の内閣の重要政策に関する内閣の事務を助けること

(3) 地方出入国在留管理局等の設置

法務省の地方支分部局である地方入国管理局を地方出入国在留管理局とし、出入国在留管理庁の地方支分部局として設置する。

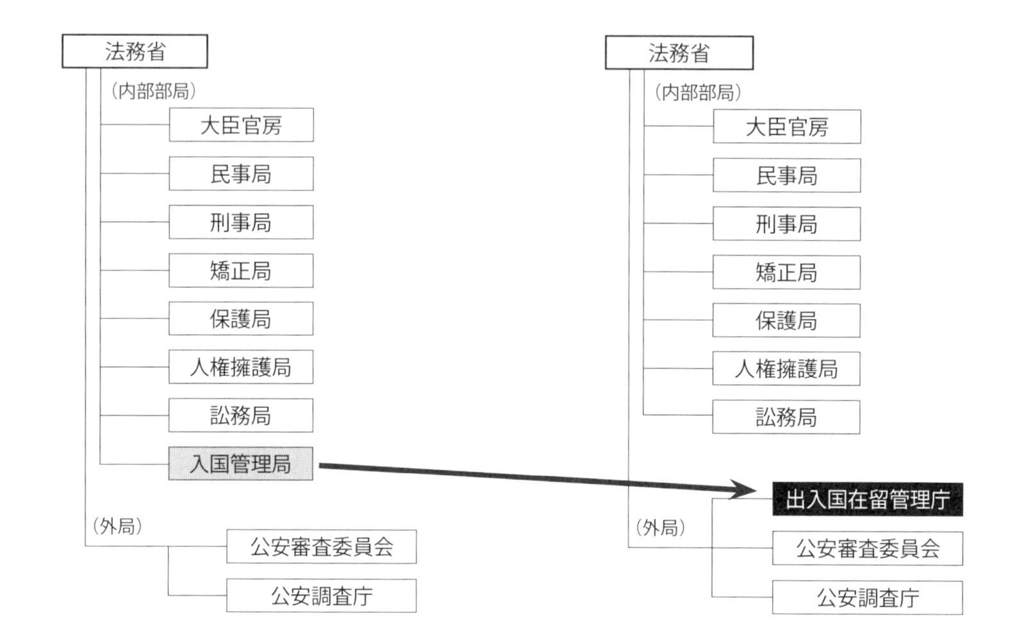

その他

- 法務大臣と出入国在留管理庁長官の権限に関する規定の整備
- 関係行政機関との情報交換等連絡協力に関する規定の整備
- その他所要の語句の修正等

● 在留資格一覧表

No.	在留資格	No.	在留資格
1	○外交	16	○興行
2	○公用	17	○技能
3	○教授	18	○特定技能
4	○芸術	19	○技能実習
5	○宗教	20	▲文化活動
6	○報道	21	▲短期滞在
7	○高度専門職	22	▲留学
8	○経営・管理	23	▲研修
9	○法律・会計業務	24	▲家族滞在
10	○医療	25	※特定活動
11	○研究	26	◎永住者
12	○教育	27	◎日本人の配偶者等
13	○技術・人文知識・国際業務	28	◎永住者の配偶者等
14	○企業内転勤	29	◎定住者
15	○介護		

○＝在留資格の本来の活動として就労できます。

▲＝在留資格の本来の活動として就労できません。

（ただし、資格外活動許可を得た場合、一定のアルバイトができます）

※＝個々の許可内容により就労の可否が決まります。

◎＝就労を含む諸活動に制限はありません。

● 主な在留資格の概要

2019年（平成31年）4月現在

<table>
<tr><th></th><th colspan="2">入国を認められる外国人</th><th>就労に関する制限</th><th>在留期間</th></tr>
<tr><td>技術・人文知識・国際業務</td><td colspan="2">日本国の公私の機関との契約に基づいて行う理学・工学その他自然科学の分野もしくは法律学、経済学、社会学その他の人文科学の分野に属する技術もしくは知識を要する業務または外国の文化に基盤を有する思考もしくは感受性を必要とする業務に従事する者（コンピューター技師、自動車設計技師、通訳、語学の指導、為替ディーラー、デザイナー等）</td><td rowspan="3">指定された在留の範囲での就労は可</td><td rowspan="3">5年、3年、1年、3月</td></tr>
<tr><td>企業内転勤</td><td colspan="2">日本に本店、支店等のある企業の事務所から日本の事務所に一定の期間転勤して、技術または人文知識、国際業務の在留資格に対応する業務に従事する者（技能者は該当しない）</td></tr>
<tr><td>技能</td><td colspan="2">日本国の公私の機関との契約に基づいて行う産業上の特殊な分野に属する熟練した技能を要する業務に従事する者（外国料理の調理師、スポーツ指導者、航空機の操縦者、貴金属等の加工職人等）</td></tr>
<tr><td>留学</td><td colspan="2">日本の大学、高等専門学校、高等学校（中等教育学校の後期課程を含む）もしくは特別支援学校の高等部、中学校（義務教育学校の後期課程及び中等教育学校の前期課程を含む）もしくは特別支援学校の中学部、小学校（義務教育学校の前期課程を含む）もしくは特別支援学校の小学部、専修学校もしくは各種学校または設備および編制に関してこれらに準ずる機関において教育を受ける活動</td><td rowspan="2">就労不可</td><td>4年3月、4年、3年3月、3年、2年3月、2年、1年3月、1年、6月、3月</td></tr>
<tr><td>研修</td><td colspan="2">日本の公私の機関により受け入れられて行う技能等の修得をする活動（「技能実習1号」および「留学」の項に掲げる活動を除く）</td><td>1年、6月、3月</td></tr>
<tr><td>特定活動</td><td colspan="2">外交官等の家事使用人、難民認定申請中の者、卒業後就職活動を行う留学生、ワーキング・ホリデー、EPA協定に基づく外国人看護師、介護福祉士候補生</td><td>許可の内容により就労可</td><td>5年、4年、3年、2年、1年、6月、3月または法務大臣が個々に指定する期間（5年を超えない範囲）</td></tr>
<tr><td>技能実習</td><td>1号イ</td><td>日本国の公私の機関の外国にある事業所の職員または日本国の公私の機関と法務省令で定める事業上の関係を有する外国の公私の機関の外国にある事業所の職員がこれらの日本国の公私の機関との雇用契約に基づいて当該機関の日本国にある事業所の業務に従事して行う技能等の修得をする活動（これらの職員がこれらの日本国の公私の機関の日本国にある事業所に受け入れられて行う当該活動に必要な知識を習得する活動を含む）</td><td>就労可</td><td>法務大臣が個々に指定する期間（1年を超えない範囲）（注）</td></tr>
</table>

<table>
<tr><td rowspan="4">技能実習</td><td>1号ロ</td><td>法務省令で定める要件に適合する営利を目的としない団体により受け入れられて行う知識の修得および当該団体の策定した計画に基づき、当該団体の責任および監理の下に日本国の公私の機関との雇用契約に基いて当該機関の業務に従事して行う技能等の修得をする活動</td><td rowspan="6">就労可</td><td>法務大臣が個々に指定する期間（1年を超えない範囲）(注)</td></tr>
<tr><td>2号イ</td><td>1号イに掲げる活動に従事して技能等を修得した者が、当該技能等に習熟するため、法務大臣が指定する日本国の公私の機関との雇用契約に基いて当該機関において当該技能等を要する業務に従事する活動</td><td rowspan="3">法務大臣が個々に指定する期間（2年を超えない範囲）(注)</td></tr>
<tr><td>2号ロ</td><td>1号ロに掲げる活動に従事して技能等を修得した者が、当該技能等に習熟するため、法務大臣が指定する日本国の公私の機関との雇用契約に基いて当該機関において当該技能等を要する業務に従事する活動（法務省令で定める要件に適合する営利を目的としない団体の責任および監理の下に当該業務に従事する者に限る）</td></tr>
<tr><td>3号
イ・ロ</td><td>2号イ・ロに掲げる活動に従事して技能等を修得した者が、当該技能等に習熟するため、法務大臣が指定する日本国の公私の機関との雇用契約に基いて当該機関において当該技能等を要する業務に従事する活動
なお、2号から3号への移行に際しては、1カ月以上の一旦帰国および技能検定3級相当の実技試験に合格することが必要</td></tr>
<tr><td rowspan="2">特定技能</td><td>1号</td><td>日本の公私の機関との契約に基づいて行う特定産業分野14分野（介護、ビルクリーニング、素形材産業、産業機械製造業、電気･電子情報関連産業、建設、造船・船用工業、自動車整備、航空、宿泊、農業、漁業、飲食料品製造業、外食業）に属する相当程度の知識もしくは経験を必要とする技能を要する業務に従事する活動</td><td>1年、6月または4月(注)</td></tr>
<tr><td>2号</td><td>日本の公私の機関との契約に基づいて行う特定産業分野2分野（建設、造船・船用工業）に属する熟練した技能を要する業務に従事する活動</td><td>3年、1年、6月（更新可）</td></tr>
<tr><td>永住者</td><td colspan="2">法務大臣が永住を認めた者</td><td rowspan="4">制限なし</td><td>無期限</td></tr>
<tr><td>日本人の配偶者等</td><td colspan="2">日本人の配偶者、特別養子（民法817－2）または日本人の子として出生した者</td><td rowspan="2">5年、3年、1年、6月</td></tr>
<tr><td>永住者の配偶者等</td><td colspan="2">永住者の配偶者、永住者の子として日本で出生し、引き続き在留している者</td></tr>
<tr><td>定住者</td><td colspan="2">法務大臣が特別な理由を考慮し、一定の在留期間を指定して居を認める者</td><td>5年、3年、1年、6月または法務大臣が個々に指定する期間（5年を超えない範囲）</td></tr>
</table>

（注）技能実習および特定技能1号の在留期間は最長で5年

● 新たな在留資格「特定技能」について

	特定技能１号	特定技能２号
在留資格	特定産業分野に属する相当程度の知識または経験を必要とする技能を要する業務に従事する外国人向けの在留資格	特定産業分野に属する熟練した技能を要する業務に従事する外国人向けの在留資格
対象産業	特定産業分野（14 分野）である介護、ビルクリーニング、素形材産業、産業機械製造業、電気・電子情報関連産業、建設、造船・舶用工業、自動車整備、航空、宿泊、農業、漁業、飲食料品製造業、外食業	特定産業分野のうち 建設、造船・舶用工業
ポイント	○在留期間：１年、６カ月または４か月ごとの更新、通算で上限５年まで ○技能水準：試験等で確認（技能実習２号を修了した外国人は試験等免除） ○日本語能力水準：生活や業務に必要な日本語能力を試験等で確認（技能実習２号を修了した外国人は試験等免除） ○家族の帯同：基本的に認めない ○受入れ機関または登録支援機関による支援の対象 ○年齢 18 歳以上	○在留期間：３年、１年または６カ月ごとの更新 ○技能水準：試験等で確認 ○日本語能力水準：試験等での確認は不要 ○家族の帯同：要件を満たせば可能（配偶者、子） ○受入れ機関または登録支援機関による支援の対象外

● 就労が認められる在留資格の技能水準

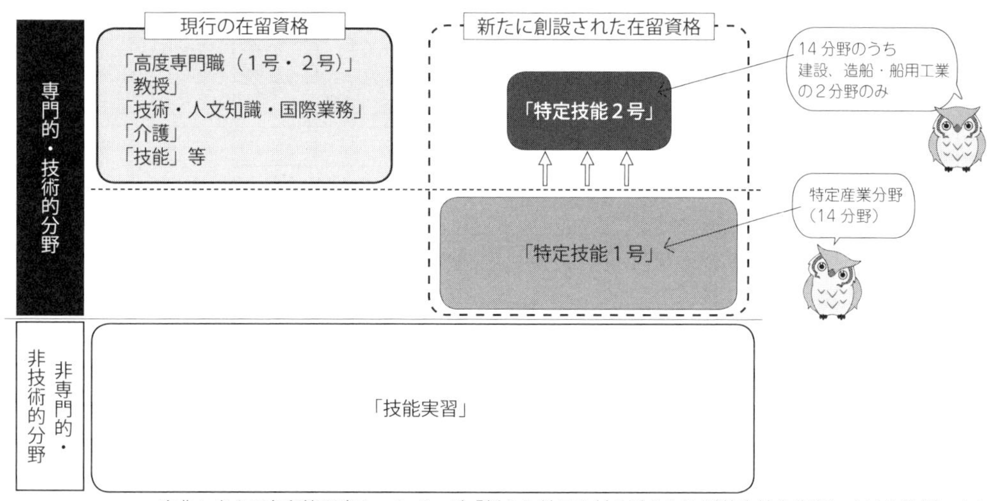

出典：出入国在留管理庁ホームページ「新たな外国人材の受入れ及び共生社会実現に向けた取組」より

2．資格外活動の許可

日本に在留する外国人は、入管法に定められた在留資格をもって在留することとされています。入管法に定められた在留資格は、日本で行う活動に応じて許可されるものであるため、その行うことができる活動は、その在留資格によって定められています。

このため、許可された在留資格に応じた活動以外で収入を伴う事業を運営する活動または報酬を得る活動を行うとする場合は、予め資格外活動の許可を受ける必要があります。

「留学」の在留資格をもって在留する外国人が在籍する大学または高等専門学校との契約に基づいて報酬を受けて行う教育または、研究を補助する活動については、資格外活動の許可を受ける必要はありません。

資格外活動の許可は、証印シール（旅券に添付）または資格外活動許可書の交付により受けられます。証印シールまたは資格外活動許可書には、「新たに許可された活動内容」が記載されますが、雇用主である企業等の名称、所在地および業務内容等を個別に指定する場合と、１週に 28 時間以内であることおよび活動場所において風俗営業等が営まれていないことを条件として企業等の名称、所在地および業務内容等を指定しない場合（以下、この場合を「包括的許可」といいます。）があります。

● 包括的許可の資格外活動許可シールサンプル

在留カードの裏面には、資格外活動許可を受けている場合は、その許可要旨が記載されています。

包括的許可が受けられる場合として「留学」、「家族滞在」の在留資格をもって在留する場合のほか、日本国の大学を卒業しまたは、専修学校専門課程において専門士の称号を取得して同校を卒業した留学生であって、卒業前から行っている就職活動を継続するための「特定活動」の在留資格をもって在留する者で、同教育機関からの推薦状に資格外活動許可申請に係る記載がある場合等があります。

資格外活動の就労可能時間は、1週間で28時間以内ですが、在籍する教育機関等が学則で定める長期休業期間にあるときは、1日8時間以内となります。

● 在留カード裏面

住居地記載欄

届出年月日	住居地	記載者印
2014年12月1日	東京都港区港南5丁目5番30号	東京都港区長

資格外活動許可欄

許可：原則週28時間以内・風俗営業等の従事を除く

在留期間更新等許可申請欄

在留資格変更許可申請中

● 就労できない在留資格の外国人における「資格外活動許可」について

<table>
<tr><th colspan="2" rowspan="2"></th><th rowspan="2">許可の区分</th><th colspan="2">就労可能時間</th></tr>
<tr><th>1週間の就労可能時間</th><th>教育機関の長期休業中の就労可能時間</th></tr>
<tr><td rowspan="3">留学生</td><td>大学等の学部生および大学院生</td><td rowspan="5">包括許可</td><td rowspan="5">一律28時間以内（どの曜日から1週の起算をした場合でも常に1週について28時間以内であること）</td><td rowspan="3">1日につき8時間以内（週40時間以内）</td></tr>
<tr><td>大学等の聴講生・もっぱら聴講による研究生</td></tr>
<tr><td>専門学校等の学生</td></tr>
<tr><td colspan="2">家族滞在</td><td rowspan="3"></td></tr>
<tr><td colspan="2">特定活動（継続就職活動もしくは内定後就職までの在留を目的とする者またはこれらの者に係る家族滞在活動を行う者）</td></tr>
<tr><td colspan="2">文化活動</td><td>個別許可（勤務先、仕事内容を特定）</td><td>許可の内容を個別に決定</td></tr>
</table>

3．特定活動

人の活動は多種多様で、すべての活動を在留資格に当てはめることはできません。このため、一定の活動を目的とする他の在留資格に該当しない活動の受け皿として、法務大臣が個々の外国人について特に活動を指定するのが特定活動です。外国人個々に指定される活動なので、就労の可否・在留期間は、指定される活動により定められています。

特定活動は、大別して３つに分けることができます。

1．法定特定活動
2．告示特定活動
3．告示外特定活動

上記１と２については、在留資格認定証明書交付申請を行うことができます。3については、在留資格認定交付申請を行うことができず、主に、現在何らかの在留資格で日本に滞在している外国人が、在留資格変更許可申請を行った場合などに在留資格「特定活動」が付与される可能性があります。

以下に主な特定活動を示します。

1．卒業した留学生が就職活動を希望の場合
2．高齢の親の日本への呼び寄せ
3．インターンシップなど
4．出国準備
5．観光・保養を目的とする長期滞在
6．建設就労者：2023年（令和５年）３月31日までの特例措置として、2020年度までに建設特定活動の従事者（就労を開始した者）については2021年（令和３年）以降も就労が可能となりました（期間は従来と同じく２～３年です）。

- 2017年（平成29年）11月１日前に申請等をした場合
  - ①　第２号技能実習を修了して引き続き国内に在留する者は２年間
  - ②　上記以外の場合
    - ア．１年以上帰国しないうちに再入国する者は２年間
    - イ．１年以上帰国した後に再入国する者は３年間
- 2017年（平成29年）11月１日以降の場合
  - ①　第２号技能実習を修了して従事する場合
    - ア．１年以上帰国しないうちに再入国する者は２年間
    - イ．１年以上帰国した後に再入国する者は３年間

② 第３号技能実習を修了して従事する者は３年間。ただしこの場合は、第２号技能実習を修了した後、第３号技能実習に従事するまでに１年以上帰国していない場合は、第３号技能実習を修了した後、１年以上帰国する必要があります。

●在留資格「特定技能」の新設に係る特例措置

特例措置の概要

「特定技能」の新設に伴い、当面の間、「特定技能１号」に変更予定の一定の外国人に「特定活動」（就労可）を付与

特例措置の趣旨

2019年（令和元年）４月１日に改正入管法が施行されたところ、「技能実習２号」修了者（建設特例・造船特例による「特定活動」で在留中の者も含む。）は、「特定技能１号」の技能試験・日本語試験の合格を免除されるため、登録支援機関の登録手続等の「特定技能１号」への変更準備に必要な期間の在留資格を措置する。

特例措置の内容

○対象者

「技能実習２号」で在留した経歴を有し、現に「技能実習２号」、「技能実習３号」、「特定活動」（外国人建設就労者または造船就労者として活動している者）のいずれかにより在留中の外国人のうち、2019年（令和元年）９月末までに在留期間が満了した者

○許可する在留資格・在留期間：「特定活動（就労可）」、４月（原則として更新不可）

○許可するための要件（以下のいずれも満たすことが必要）

① 従前と同じ事業者で就労するために「特定技能１号」へ変更予定であること

② 従前と同じ事業者で従前の在留資格で従事した業務と同種の業務に従事する雇用契約が締結されていること

③ 従前の在留資格で在留中の報酬と同等額以上の報酬を受けること

④ 登録支援機関となる予定の機関の登録が未了であるなど、「特定技能１号」への移行に時間を要することに理由があること

⑤ 「技能実習２号」で１年10カ月以上在留し、かつ、修得した技能の職種・作業が「特定技能１号」で従事する特定産業分野の業務区分の技能試験・日本語試験の合格免除に対応するものであること

⑥　受入れ機関が、労働、社会保険及び租税に関する法令を遵守していること

⑦　受入れ機関が、欠格事由（前科、暴力団関係、不正行為等）に該当しないこと

⑧　受入れ機関または支援委託予定先が、外国人が十分理解できる言語で支援を実施できること

手続きの流れ

2019年（令和元年）９月末日までに従前の在留期間が満了

⇒就労継続を希望する場合、「特定活動」への変更許可申請⇒ 変更許可（在留期間４月）

⇒準備でき次第、「特定活動」から、「特定技能１号」への変更許可申請

⇒所定の基準に適合すれば、「特定技能１号」への変更許可（※「特定活動」で在留した期間は、特定技能１号の上限５年に算入）

●在留資格「特定技能」へ変更予定の方に対する特例措置

○「特定技能１号」の技能試験･日本語能力試験の合格を免除される者について、「特定技能１号」への変更準備に必要な期間の在留資格（特定活動（就労可））を措置するもの（2019年（令和元年）９月末までに在留期間が満了した者）

○在留期間満了前に、つなぎの在留資格（特定活動（就労可））に申請すれば、最長６カ月間、「特定技能」への在留資格変更申請のための準備期間が得られる。
※つなぎの在留資格への変更処分が下りるまでは就労不可

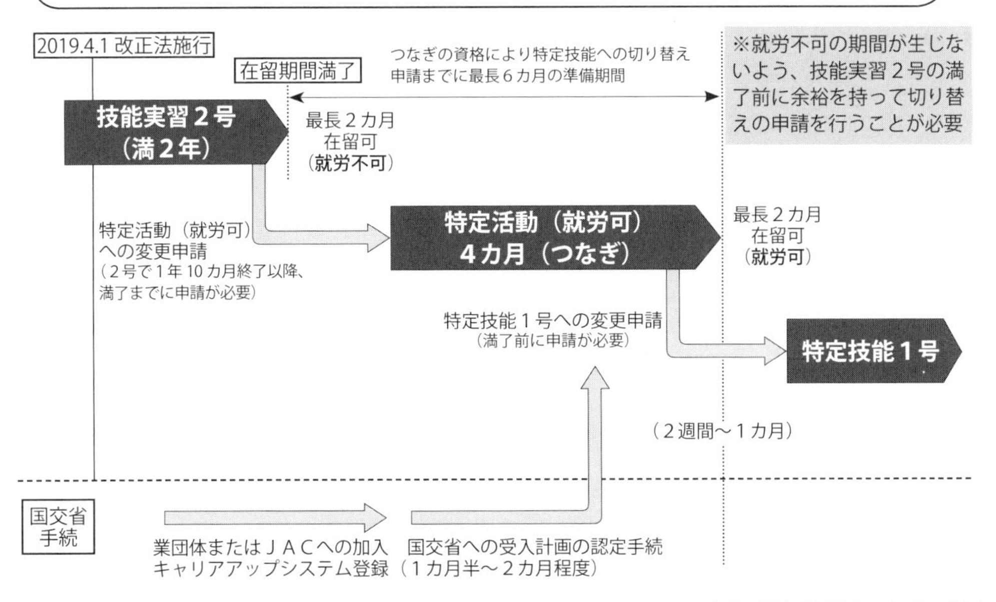

出典：国土交通省ホームページより

Ⅱ

外国人技能実習制度と外国人建設就労者

① 外国人技能実習制度の沿革

1．制度の発足

日本における海外からの研修生の受入れは、多くの企業が海外に進出するようになった 1960 年代後半頃から実施されてきました。海外に進出した多くの日本企業は、現地法人や合弁会社、取引関係のある企業の社員を日本に呼び、関連する技能、技術または知識（以下「技能等」）を自社内で効果的に修得させた後、その社員が現地の会社に戻り、修得した技能等を発揮するという形で外国人研修を実施してきました。

このような中で、日本では、1980 年代末、少子高齢化の進展、不法就労外国人問題の深刻化、高度情報化の進展等により、外国人労働者問題にどのように対応するかについて政治、経済、社会等の場で大いに議論が行われました。

その結果、1990 年（平成２年）に従来の研修制度を改正し、日本が技能等の移転を通じて開発途上国における人材育成に貢献することを目指して、より幅広い分野における研修生受入れを可能とする道を開きました。

具体的には従前の「企業単独型」の受入れに加えて、中小企業団体等を通じて研修生を受入れる「団体監理型」の受入れが認められ、開発途上国にとっては、そのニーズにあった汎用性の高い技術等が移転されやすくなりました。同時に、日本の中小企業にとっても外国との接点が生まれ、事業の活性化等に役立つようになりました。

また、研修制度拡充の観点から、1993 年（平成５年）、研修を終了し所定の要件を充足した研修生に、雇用関係の下でより実践的な技能等を修得させ、その技能等の諸外国への移転を図り、それぞれの国の経済を担う「人づくり」に一層協力することを目的とし、技能実習制度を創設しました。

2．技能実習法に基づく新たな制度へ

外国人の技能実習の適正な実施および技能実習生の保護を図るため、2016 年（平成 28 年）11 月 28 日、「外国人の技能実習の適正な実施及び技能実習生の保護に関する法律」（技能実習法）が公布され、2017 年（平成 29 年）11 月 1 日に施行されました。

技能実習法に基づく外国人技能実習制度では、技能実習の適正な実施や技能実習生の保護の観点から、監理団体の許可制や技能実習計画の認定制等が新たに導入された

一方、優良な監理団体・実習実施者に対しては実習期間の延長や受入れ人数枠の拡大などの制度の拡充も図られています。

技能実習法に基づき国が認可法人として設立した外国人技能実習機構が、技能実習計画の認定、実習実施者の届出の受理、監理団体の許可申請の受理等をはじめ、実習実施者や監理団体に対する指導監督（実地検査･報告徴収）や、技能実習生からの申告･相談に応じるなど、技能実習制度の適正な実施および技能実習生の保護に関する業務を行います。

● 技能実習法に基づく新制度の概要

技能実習の適正な実施	①技能実習の基本理念、関係者の責務および基本方針の策定
	②技能実習計画の認定制
	③実習実施者の届出制
	④監理団体の許可制
	⑤認可法人「外国人技能実習機構」の新設
	⑥事業所管大臣等への協力要請等の規定の設備および関係行政機関等による地域協議会の設置
技能実習生の保護	①人権侵害等に対する罰則等の整備
	②技能実習生から主務大臣への申告制度の新設
	③技能実習生の相談・通報の窓口の整備
	④実習先変更支援の充実
制度の拡充	①優良な監理団体・実習実施者での実習期間の延長（３年→５年）
	②優良な監理団体・実習実施者における受入れ人数枠の拡大
	③対象職種の拡大（地域限定の職種、企業独自の職種、複数職種の同時実習の措置）

出典：公益財団法人国際研修協力機構（JITCO）

② 外国人の入国の審査

1．入国審査の流れ

我が国に外国人を受け入れるに当たっては、国際社会における我が国の役割や、我が国の地理的・歴史的な背景などを考慮し、内外社会の現況や動向を十分に見極めた上で、そのルールづくりがなされるよう、関係省庁や関係団体との協議・意見交換が重ねられています。

❶外国人は旅券（パスポート）と査証（ビザ）を持って日本に来ます。

入国審査の
混雑緩和対策

自動化ゲート

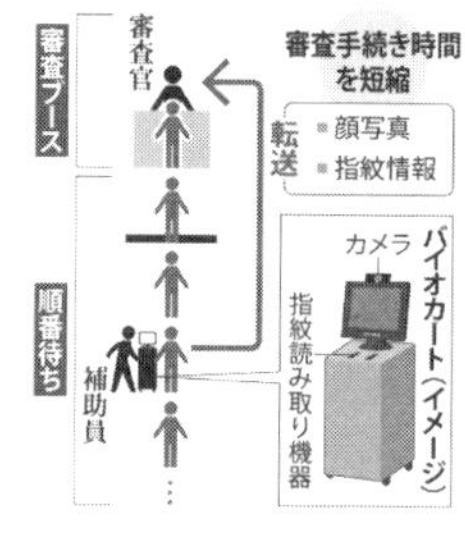

バイオカート

❷日本の出入国港へ着いた外国人は上陸の申請を行います。この際、免除対象者を除き個人識別情報（指紋および顔写真）を提供します。

入国審査官による
上陸審査

❸入国審査官は旅券、査証、そして必要な事項の記載された外国人入国記録（ＥＤカードと呼ばれています。）等によって、その外国人の上陸を認めてよいかどうかの審査をします。

旅券

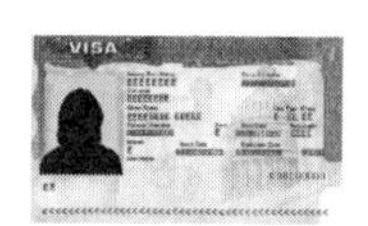

査証

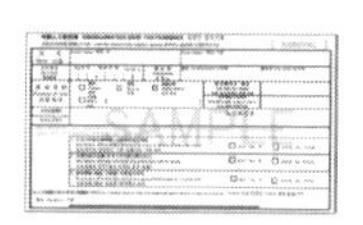

外国人入国記録

❹外国人の旅券に上陸許可の証印をします。

※新千歳空港、成田空港、羽田空港、中部空港、関西空港、広島空港および福岡空港においては、上陸許可によって中長期在留者となった方には在留カードを交付します。その他の出入国港では、在留カードを後日交付する旨を記載します。

❺これで正式に日本への上陸が許可されたことになります。

2．用語の説明

● 在留資格認定証明書

日本に入国を希望する外国人またはその代理人（日本国内居住者）は、最寄りの地方入国管理局へ申請書類を提出することにより、事前に、在留資格の認定を受けることができます。こうして認定を受けた外国人には「在留資格認定証明書」が交付されます。査証（ビザ）発給申請の際、また、我が国の空港等における上陸審査の際に、この証明書を提出すれば、審査がスムーズになります。

● 査証

出発前に海外にある日本の大使館や領事館で取得するもので、日本に入国する際には、原則としてその取得が求められており、外国人の持っている旅券が有効であることの確認と、入国させても支障がないという推薦の意味があります。

● 査証免除

短期間の滞在を予定する外国人については、国際移動の円滑化を図るため、国と国との間で相互に査証を免除する取決めを結ぶことがあります。2017年（平成29年）7月1日現在日本は68の国・地域の一般旅券所持者に対する査証免除措置を実施しています。

● 上陸拒否

日本に入国しようとする外国人は、上陸審査において上陸のための条件を満たしていなければなりません。この上陸のための条件を満たしていない場合には、上陸が拒否されることになります。

● 在留資格

入国の際に外国人の入国・在留の目的に応じて入国審査官から与えられる資格で、外国人はこの資格の範囲内で活動することができます。

● 在留期間

それぞれの在留資格ごとに、在留できる期間（一度の許可で在留できる期間）が定められています。この在留期間は日本国内で更新が可能です。

●特例上陸許可

航空機や船舶の乗員または乗客に対して、一定の条件の下に一時的な上陸を許可する「特例上陸許可」の制度があります。「特例上陸許可」には寄港地上陸許可、船舶観光上陸許可、通過上陸許可、乗員上陸許可、緊急上陸許可、遭難による上陸許可、一時庇護のための上陸許可があります。2016年（平成28年）に特例上陸許可を受けた外国人は約475万人です。

3．上陸許可証印

❶ 2017年（平成29年）7月1日に

❷観光、商用、親族訪問など短期間日本に滞在する目的で

❸在留期間90日を許可され

❹成田国際空港第一ターミナルから上陸した

ことを意味しています。

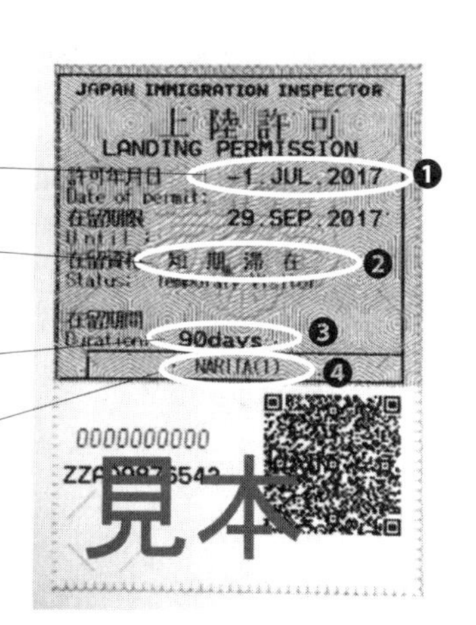

③ 在留カード

1．在留資格とビザの違い

ビザ（査証）とは、外国にある日本の大使館や領事館が外国人の所有するパスポートをチェックし、日本への入国は問題ないと判断した場合に押印されるものです。

日本の空港や港では入国審査官がパスポートに押されたビザを確認して、それに見合った在留資格を付与して外国人の入国を許可することになります。入国を許可された時点でビザは使用済みとなり、入国後は入国時に与えられた「在留資格」が外国人の在留する根拠となります。

ビザは入国に絶対必要なものですが、その例外として以下の３つの場合はビザがなくても上陸が可能となります。

① 査証相互免除取決めの国の人

査証免除協定に伴う査証相互免除取決めの国の人が「短期滞在」で観光などの目的で入国する場合

② 再入国許可を持つ人

日本から出国する前に再入国許可を取得した外国人が、同一ビザで再度日本に入国する場合

③ 特例上陸許可の場合

飛行機の乗り継ぎなどのため日本に立ち寄った外国人が、72時間以内の範囲で買い物を楽しむなどの場合（観光通過上陸、周辺通過上陸を含む）

※「みなし再入国許可」とは、有効な旅券（パスポート）および在留カードを所持する外国人が、出国後１年以内に日本国で活動を継続するために再入国する場合は、原則として再入国許可を受ける必要はありませんが、出国後１年以内に再入国しないと在留資格は失効します。

2．在留カード

在留カードは中長期在留者に対して、上陸許可、在留資格の変更許可、在留期間の更新許可などの在留に係る許可に伴って交付されるものです。

中長期在留者とは、入管法の在留資格をもって日本国に中長期間在留する外国人で、以下の①～⑥のいずれにもあてはまらない人です。

① 「３月」以下の在留期間が決定された人
② 「短期滞在」の在留資格が決定された人
③ 「外交」または「公用」の在留資格が決定された人
④ ①から③の外国人に準じるものとして在留資格が決定された人
⑤ 特別永住者
⑥ 在留資格を有しない人

在留カードには、写真が表示されるほか以下の事項が記載されます。また偽変造防止のためホログラムやＩＣチップが搭載され、券面記載事項の全部または一部が記載されます。

❶ 氏名、生年月日、性別、国籍・地域
❷ 住居地（日本国における主たる住居の所在地）
❸ 在留資格、在留期間および在留期間満了の日
❹ 許可の種類、許可年月日、交付年月日
❺ 在留カード番号、有効期間満了年月日
❻ 就労資格の有無
❼ 資格外活動許可（裏面）

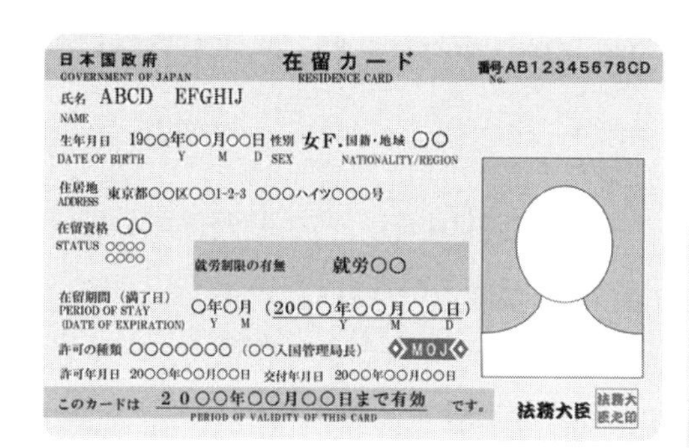

住居地記載欄

届出年月日	住居地	記載者印
2014年12月1日	東京都港区港南５丁目５番３０号	東京都港区長

資格外活動許可欄
許可：原則週28時間以内・風俗営業等の従事を除く

在留期間更新等許可申請欄
在留資格変更許可申請中

（裏面）

●「在留カード」および「特別永住者証明書」の見方

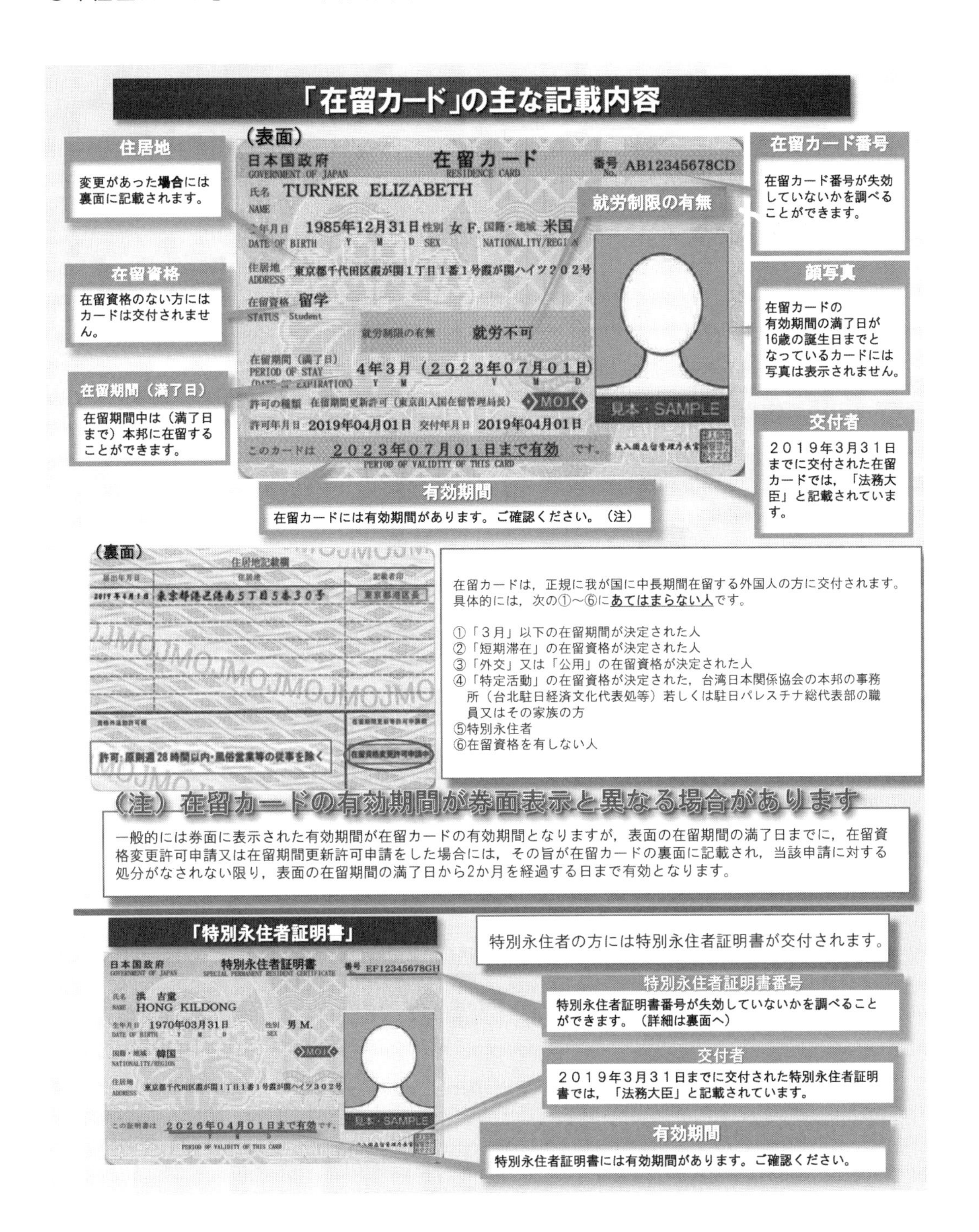

出典：出入国在留管理庁ホームページ

●「在留カード」および「特別永住者証明書」の偽変造防止

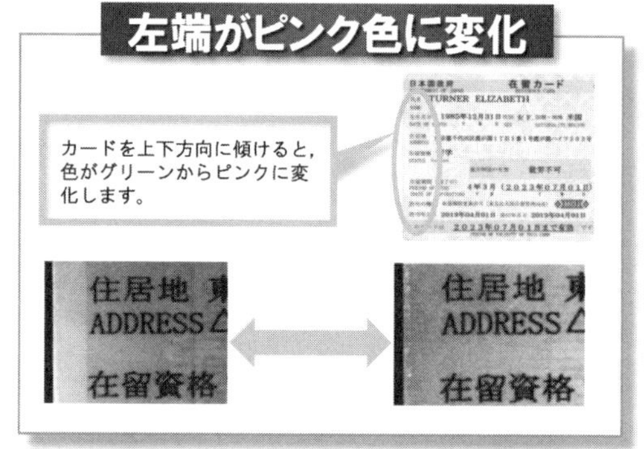

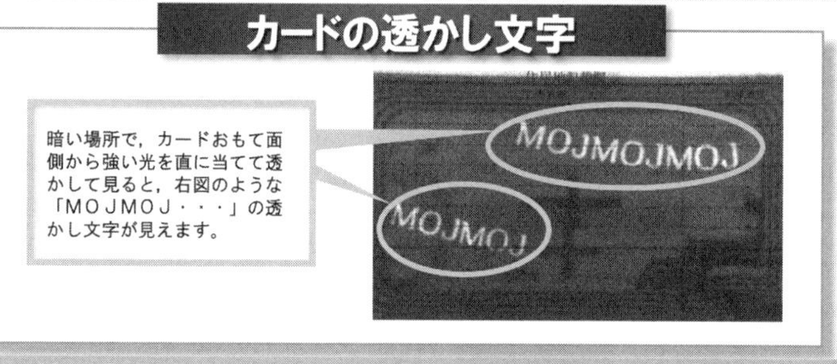

在留カード・特別永住者証明書が偽変造されていないかについて確認できます

ＷＥＢサイトを通じて在留カード等の失効番号が確認できます

出入国在留管理庁のＷＥＢサイト「在留カード等番号失効情報照会」では，在留カード等の番号などの必要事項を入力すると，入力されたカード番号が失効していないかを確認することができます。

https://lapse-immi.moj.go.jp/

在留カード等の仕様書を公開しています

出入国在留管理庁のＷＥＢサイトにおいて，在留カード等の仕様書を公開しています。

在留カード等のＩＣチップに記録されている情報を読み取るための製品が開発・市販されており，これらを使用して読み取った画像と券面を比較することで，真正な在留カードか否かを確認することができます。

http://www.immi-moj.go.jp/news-list/120424_01.html

出典：出入国在留管理庁ホームページ

3．在留資格の変更（入管法第 20 条）

在留資格の変更とは、在留資格を有する外国人が在留目的を変更して別の在留資格に該当する活動を行おうとする場合に、法務大臣に対して在留資格の変更許可申請を行い、従来有していた在留資格を新しい在留資格に変更するために許可を受けることをいいます。

この手続きにより、我が国に在留する外国人は、現に有している在留資格の下では行うことができない他の在留資格に属する活動を行おうとする場合でも、我が国からいったん出国することなく別の在留資格が得られるよう申請することができます。

在留資格の変更を受けようとする外国人は、法務省令で定める手続きにしたがって法務大臣に対し在留資格の変更許可申請をしなければなりません。

4．在留期間の更新（入管法第 21 条）

在留資格を有して在留する外国人は、原則として付与された在留期間に限って我が国に在留することができることとなっているので、例えば、上陸許可等に際して付与された在留期間では、所期の在留目的を達成できない場合に、いったん出国し、改めて査証を取得し、入国することとなると外国人本人にとって大きな負担となります。

そこで、入管法は、法務大臣が我が国に在留する外国人の在留を引き続き認めることが適当と判断した場合に、在留期間を更新してその在留の継続が可能となる手続きを定めています。

在留期間の更新を受けようとする外国人は法務省令で定める手続きにより、法務大臣に対し在留期間の更新許可申請をしなくてはなりません。

5．在留資格の取得（入管法第 22 条の２）

在留資格の取得とは、日本国籍の離脱や出生その他の事由により入管法に定める上陸の手続きを経ることなく我が国に在留することとなる外国人が、その事由が生じた日から引き続き 60 日を超えて我が国に在留しようとする場合に必要とされる在留の許可です。

我が国の在留資格制度は、すべての外国人の入国と在留の公正な管理を行うために設けられたもので、日本国籍を離脱した者または出生その他の事由により上陸許可の手続きを受けることなく我が国に在留することとなる外国人も、在留資格を持って我が国に在留する必要があります。

しかしながら、これらの事由により我が国に在留することになる外国人に対し、その事由の生じた日から直ちに出入国管理上の義務を課すことは無理があり、また、これらの事由により我が国に在留することとなる外国人が長期にわたり在留する意思のない場合もあります。そこで、これらの事由の生じた日から60日までは引き続き在留資格を有することなく我が国に在留することを認めるとともに、60日を超えて在留しようとする場合には、当該事由の生じた日から30日以内に在留資格の取得を申請しなければなりません。

在留資格の取得を行おうとする外国人は、法務省令で定める手続きにしたがって法務大臣に対し在留資格の取得許可申請をしなければなりません。

6．旅券等の携帯および提示（入管法第23条）

我が国に在留する外国人は、旅券または各種許可書を携帯し、権限ある官憲の提示要求があった場合には、これを提示しなければなりません。

我が国に在留する外国人の旅券には一部の例外を除き、入管法で定める何らかの許可を受けていなければ我が国に上陸または在留することができず、活動が在留資格により制限を受けたり、制限が付されていることがあります。したがって、我が国に在留する外国人について、在留の合法性、資格外活動の可否、上陸・在留の許可に付された条件に違反していないかを即時的に把握するために、外国人は旅券または各種許可書を携帯し、権限ある官憲からの要求があった場合には、これを提示しなければならないとしています。

ただし、中長期在留者には在留カードの受領、携帯義務が課されており、中長期在留者が在留カードを携帯する場合は、旅券の携帯義務は課されません。

なお、この規定に違反した者は、刑事罰（入管法第75条の2、第75条の3、第76条）の対象となります。

また、特別永住者には旅券の携帯義務は課されません（入管特例法第17条第4項）。

④ 技能実習制度における入国・在留にかかる主な手続き

入国から在留に関する主な手続きは以下のとおりです。

１．在留資格認定証明書の交付申請

技能実習生を受け入れようとする実習実施者（企業単独型のみ）または監理団体は、まず、地方出入国在留官署に在留資格認定証明書の交付申請を行うことになります。この証明書は、申請に係る技能実習生が入管法令の定める許可要件に適合していることを証するもので、有効期間は３カ月です。なお、監理団体は、技能実習生を受け入れるに当たっては、職業紹介事業の許可または届出が必要となります。

２．査証（ビザ）の取得と上陸許可

技能実習生として日本に上陸しようとする外国人は、日本の在外交館に在留資格認定証明書を提示して査証を取得します。そして、日本の空港・海港で旅券、査証等を入国審査官に提示し、在留資格「技能実習１号イ（またはロ）」、在留期間「法務大臣が個々に指定する機関（１年を超えない範囲）」とする上陸許可を受けて初めて技能実習生としての活動ができます。

３．在留資格変更許可

技能実習１号から技能実習２号へ移行しようとする技能実習生は、移行対象職種・作業等に係る技能検定基礎級相当の試験に合格した上で、地方出入国在留官署に在留資格変更許可申請を行うことになります。この申請は、在留期間が満了する１カ月前までに行わなければなりません。

申請後、標準的に処理には２週間から１カ月かかるので在留期間が切れる前に申請を！

４．在留期間更新許可

技能実習１号や技能実習２号について、技能実習生は、通算して滞在可能な３年の範囲内で、在留期間の更新申請を地方入国管理局に行うことができます。この申請の時期は、在留期間が満了する標準処理期間が２週間から１カ月かかるため、１カ月前までが好ましいといえます。

５．外国人登録

技能実習生は、入国後90日以内に居住地の市町村に外国人登録をしなければなりません。交付される外国人登録証明書は、常時携帯する義務があります。また、居住地の変更や在留資格等の変更が生じた場合には、変更登録の申請を行わなければなりません。

● 技能実習の流れ

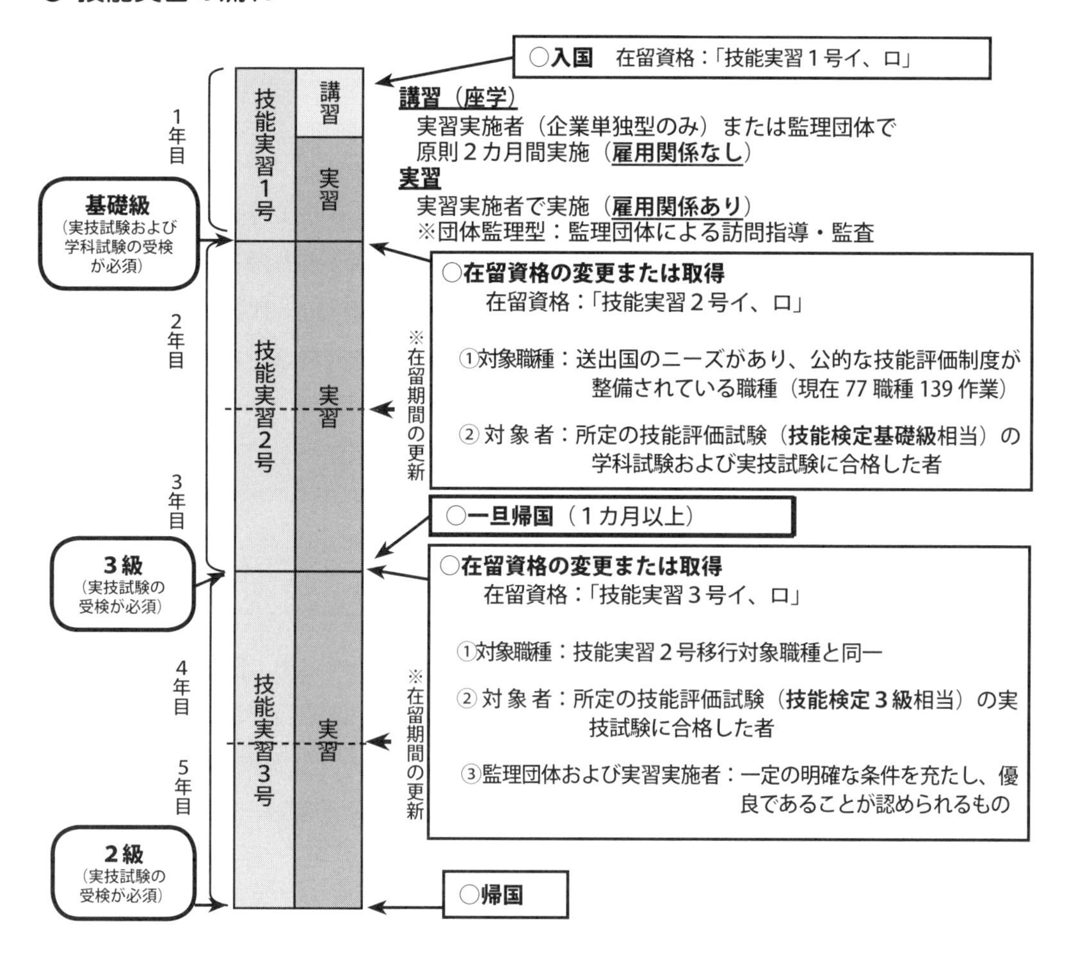

⑤ 技能実習制度の区分

技能実習制度では、２つのタイプのそれぞれが、技能実習生の行う活動内容により、入国後１年目の技能等を修得する活動と、２・３年目の修得した技能等に習熟するための活動と優良性が認められる監理団体および実習実施者に限り、４・５年目の熟達する活動に分けられ、対応する在留資格として「技能実習」に下記の６区分が設けられています。

	入国１年目（技能等を修得）	入国２・３年目（技能等に習熟）	入国４・５年目（技能等に熟達）
企業単独型	「技能実習１号イ」	「技能実習２号イ」	「技能実習３号イ」
団体監理型	「技能実習１号ロ」	「技能実習２号ロ」	「技能実習３号ロ」

１．技能実習２号への移行

技能実習１号から技能実習２号へ移行しようとする技能実習生は、移行対象職種・作業等に係る技能検定基礎級相当の学科および実技試験に合格した上で、地方出入国在留官署に在留資格変更許可申請を行うことになります。この申請は、在留期間が満了する１カ月前までに行わなければなりません。

２．技能実習３号への移行

技能実習２号から技能実習３号へ移行しようとする技能実習生は、移行対象職種・作業等に係る技能検定３級等の実技試験に合格した上で、技能実習２号の終了後本国に１カ月以上帰国してから技能実習３号が開始されます。

⑥ 技能実習制度の受入れ機関別のタイプ

技能実習生の受入れ形態には、２つの機関別タイプ（企業単独型、団体監理型）があります。

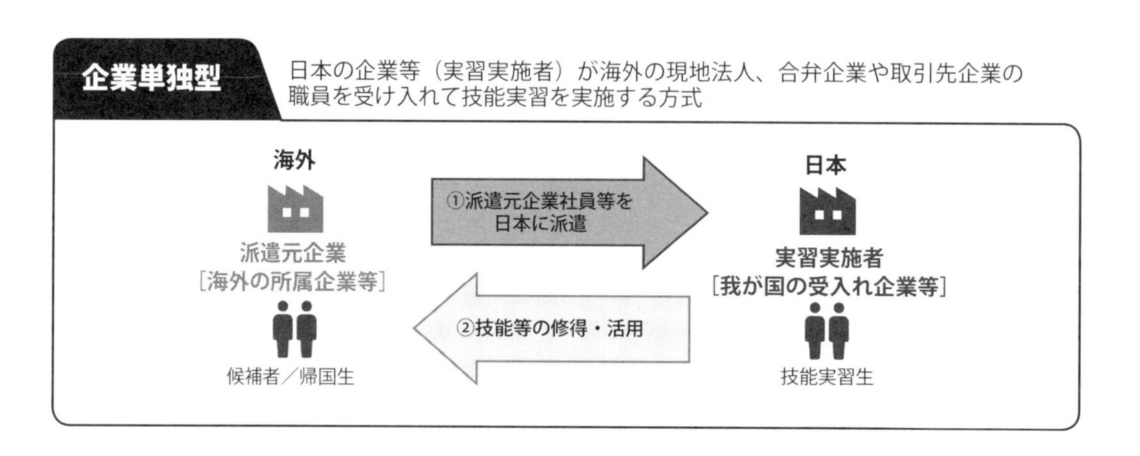

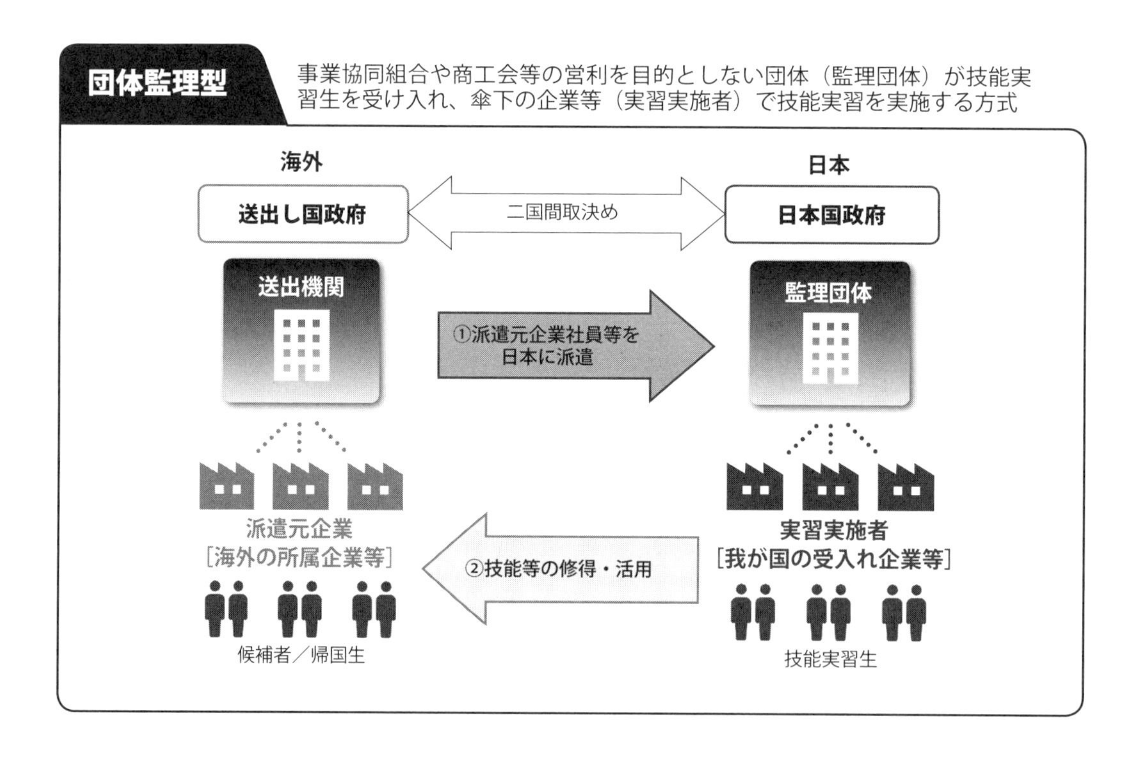

出典：公益財団法人国際研修協力機構（JITCO）

監理事業を行おうとする者は、外国人技能実習機構へ監理団体の許可申請を行い、主務大臣の許可を受けなければなりません。監理団体として満たさなければならない要件は、技能実習法令で定められています。

◎ 団体監理型における監理団体の許可申請について

監理団体の許可には、特定監理事業と一般監理事業の２つの区分があります。特定監理事業の許可を受ければ第１号から第２号まで、一般監理事業の許可を受ければ第１号から第３号までの技能実習に係る監理事業を行うことができます。

区分	監理できる技能実習	許可の有効期間
特定監理事業	技能実習１号 技能実習２号	３年または５年
一般監理事業	技能実習１号 技能実習２号 技能実習３号	５年または７年

監理団体の主な許可基準は以下のとおりです。

①営利を目的としない法人であること
商工会議所・商工会、中小企業団体、職業訓練法人、農業協同組合、漁業協同組合、公益社団法人、公益財団法人等

②監理団体の業務の実施の基準に従って事業を適正に行うに足りる能力を有すること

③監理事業を健全に遂行するに足りる財産的基礎を有すること

④個人情報の適正な管理のため必要な措置を講じていること

⑤外部役員または外部監査の措置を実施していること

⑥基準を満たす外国の送出機関と、技能実習生の取次に係る契約を締結していること

⑦①～⑥のほか、監理事業を適正に遂行する能力を保持していること

⑧〈一般監理事業の許可を申請する場合〉優良要件に適合していること
（職種によっては事業所管大臣の告示により許可基準が追加・変更される場合があります。）

⑦ 技能実習生の人数枠

実習実施者が受け入れる技能実習生については上限数が定められています。団体監理型、企業単独型それぞれの人数枠は以下の表のとおりです。

1．団体監理型の人数枠

<table>
<tr><th colspan="2">第１号
（１年間）</th><th rowspan="2">第２号
（２年間）</th><th colspan="3">優良基準適合者</th></tr>
<tr><th>第１号
（１年間）</th><th>第２号
（２年間）</th><th>第３号
（２年間）</th></tr>
<tr><td colspan="2">基本人数枠</td><td rowspan="9">基本人数枠
の２倍</td><td rowspan="9">基本人数枠
の２倍</td><td rowspan="9">基本人数枠
の４倍</td><td rowspan="9">基本人数枠
の６倍</td></tr>
<tr><td>実習実施者の
常勤職員総数</td><td>技能実習生の人数</td></tr>
<tr><td>301 人以上</td><td>常勤職員総数の
20 分の１</td></tr>
<tr><td>201 ～ 300 人</td><td>15 人</td></tr>
<tr><td>101 ～ 200 人</td><td>10 人</td></tr>
<tr><td>51 ～ 100 人</td><td>６人</td></tr>
<tr><td>41 ～ 50 人</td><td>５人</td></tr>
<tr><td>31 ～ 40 人</td><td>４人</td></tr>
<tr><td>30 人以下</td><td>３人</td></tr>
</table>

2．企業単独型の人数枠

<table>
<tr><th rowspan="2">第１号（１年間）</th><th rowspan="2">第２号（２年間）</th><th colspan="3">優良基準適合者</th></tr>
<tr><th>第１号（１年間）</th><th>第２号（２年間）</th><th>第３号（２年間）</th></tr>
<tr><td>常勤職員総数の
20 分の１</td><td>常勤職員総数の
10 分の１</td><td>常勤職員総数の
10 分の１</td><td>常勤職員総数の
５分の１</td><td>常勤職員総数の
10 分の３</td></tr>
</table>

注）法務大臣および厚生労働大臣が継続的で安定的な実習を行わせる体制を有すると認める企業の場合は、団体監理型の人数枠と同じになります。

○常勤職員数には、技能実習生（１号、２号および３号）は含まれません。
○企業単独型、団体監理型ともに、下記の人数を超えることはできません。
　１号実習生：常勤職員の総数
　２号実習生：常勤職員数の総数の２倍
　３号実習生：常勤職員数の総数の３倍
○特有の事情のある職種（介護職種等）については、事業所管大臣が定める告示で定められる人数になります。

⑧ 養成講習の受講

技能実習法（2017 年（平成 29 年）11 月 1 日施行）では、①監理団体において監理事業を行う事業所ごとに選任する「監理責任者」、②監理団体が監理事業を適切に運営するために設置する「指定外部役員」または「外部監査人」、③実習実施者において技能実習を行わせる事業所ごとに選任する「技能実習責任者」については、いずれも３年ごとに、主務大臣が適当と認めて告示した講習機関（以下「養成講習機関」）によって実施される講習（以下「養成講習」）を受講しなければならないと定められています。

また、監理団体の「監理責任者以外の監査を担当する職員」や、実習実施者における「技能実習指導員」および「生活指導員」については、養成講習の受講は義務ではありませんが、これらの者に対し３年ごとに養成講習を受講させることが、優良な監理団体または優良な実習実施者と判断する要件の１つとなっており、受講が推奨されています。

⑨ 技能実習生の入国から帰国までの流れ

技能実習法に基づく技能実習生の入国から帰国までの主な流れは下図のとおりとなります。

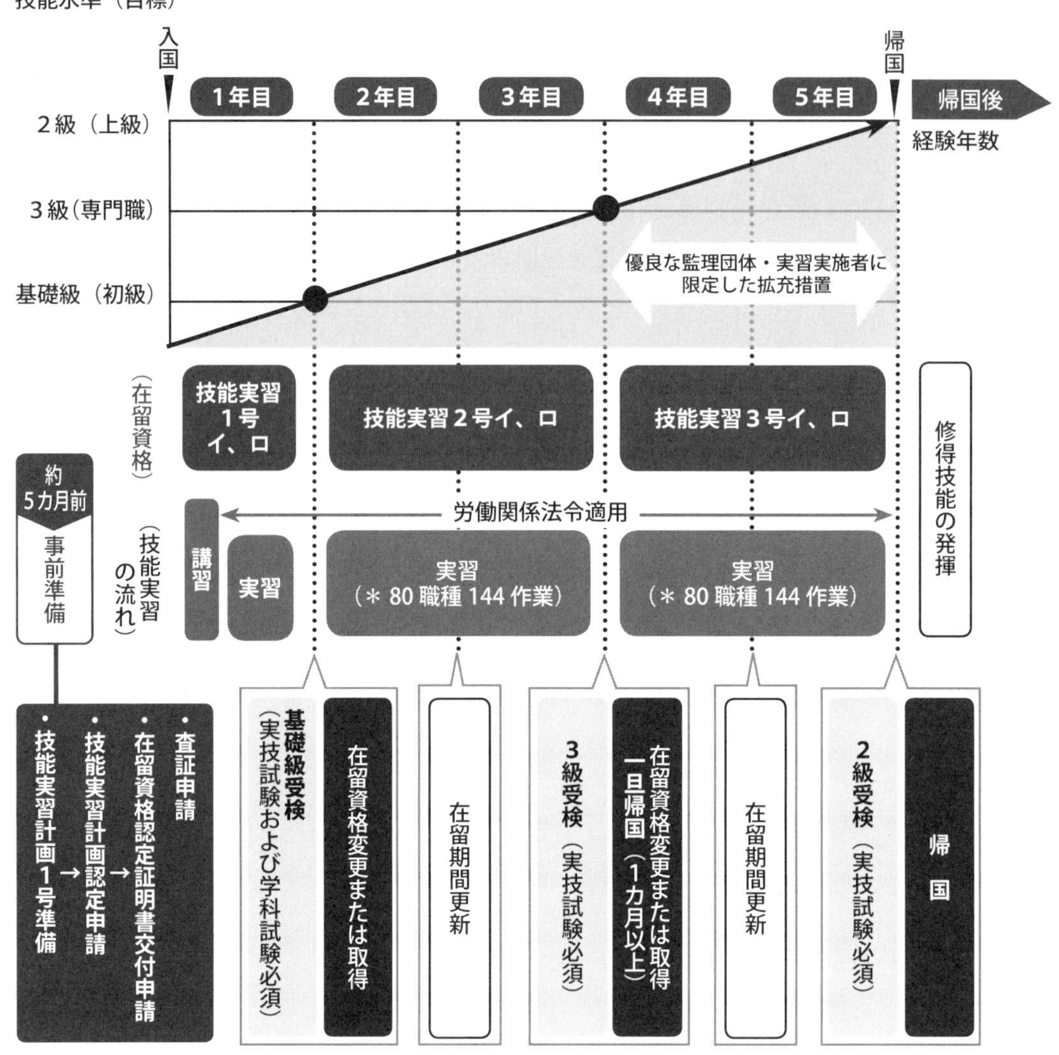

＊2019年（令和元年）5月28日現在の職種・作業数

監理団体型で技能実習生を受け入れるには、外国人技能実習機構に対し監理団体の許可申請（初めて受け入れる場合）、技能実習計画の認定申請を、入国管理局に対し在留資格認定証明書交付申請を、順に行う必要があります。

● 技能実習制度 移行対象職種・作業一覧(2019年(令和元年)5月28日時点 80職種144作業)

1　農業関係（2職種6作業）

職種名	作業名
耕種農業●	施設園芸
	畑作・野菜
	果樹
畜産農業●	養豚
	養鶏
	酪農

2　漁業関係（2職種9作業）

職種名	作業名
漁船漁業●	かつお一本釣り漁業
	延縄漁業
	いか釣り漁業
	まき網漁業
	ひき網漁業
	刺し網漁業
	定置網漁業
	かに・えびかご漁業
養殖業●	ほたてがい・まがき養殖

3　建設関係（22職種33作業）

職種名	作業名
さく井	パーカッション式さく井工事
	ロータリー式さく井工事
建築板金	ダクト板金
	内外装板金
冷凍空気調和機器施工	冷凍空気調和機器施工
建具製作	木製建具手加工
建築大工	大工工事
型枠施工　特1	型枠工事
鉄筋施工　特1	鉄筋組立て
とび	とび
石材施工	石材加工
	石張り
タイル張り	タイル張り
かわらぶき	かわらぶき
左官　特1	左官
配管	建築配管
	プラント配管
熱絶縁施工	保温保冷工事
内装仕上げ施工　特1	プラスチック系床仕上げ工事

	カーペット系床仕上げ工事
	鋼製下地工事
	ボード仕上げ工事
	カーテン工事
サッシ施工	ビル用サッシ施工
防水施工	シーリング防水工事
コンクリート圧送施工　**特1**	コンクリート圧送工事
ウェルポイント施工	ウェルポイント工事
表装　**特1**	壁装
建設機械施工●　**特1**	押土・整地
	積込み
	掘削
	締固め
築炉△	築炉

特1は特定技能１号での受入れ分野（p 69 参照）

他に多能工的役割である特定技能１号は
土工・屋根ふき・電気通信・トンネル推進工・鉄筋継手

4　食品製造関係（11 職種 16 作業）

職種名	作業名
缶詰巻締●	缶詰巻締
食鳥処理加工業●	食鳥処理加工
加熱性水産加工 食品製造業●	節類製造
	加熱乾製品製造
	調味加工品製造
	くん製品製造
非加熱性水産加工 食品製造業●	塩蔵品製造
	乾製品製造
	発酵食品製造
水産練り製品製造	かまぼこ製品製造
牛豚食肉処理加工業●	牛豚部分肉製造
ハム・ソーセージ・ベーコン製造	ハム・ソーセージ・ベーコン製造
パン製造	パン製造
そう菜製造業●	そう菜加工
農産物漬物製造業●△	農産物漬物製造
医療・福祉施設給食製造●△	医療・福祉施設給食製造

5 繊維・衣服関係（13 職種 22 作業）

職種名	作業名
紡績運転●△	前紡工程
	精紡工程
	巻糸工程
	合ねん糸工程

織布運転●△	準備工程
	製織工程
	仕上工程
染色	糸浸染
	織物・ニット浸染
ニット製品製造	靴下製造
	丸編みニット製造
たて編ニット生地製造●	たて編ニット生地製造
婦人子供服製造	婦人子供既製服縫製
紳士服製造	紳士既製服製造
下着類製造●	下着類製造
寝具製作	寝具製作
カーペット製造●△	織じゅうたん製造
	タフテッドカーペット製造
	ニードルパンチカーペット製造
帆布製品製造	帆布製品製造
布はく縫製	ワイシャツ製造
座席シート縫製●	自動車シート縫製

6 機械・金属関係（15 職種 29 作業）

職種名	作業名
鋳造	鋳鉄鋳物鋳造
	非鉄金属鋳物鋳造
鍛造	ハンマ型鍛造
	プレス型鍛造
ダイカスト	ホットチャンバダイカスト
	コールドチャンバダイカスト
機械加工	普通旋盤
	フライス盤
	数値制御旋盤
	マシニングセンタ
金属プレス加工	金属プレス
鉄工	構造物鉄工
工場板金	機械板金
めっき	電気めっき
	溶融亜鉛めっき
	アルミニウム陽極酸化処理 陽極酸化処理
仕上げ	治工具仕上げ
	金型仕上げ
	機械組立仕上げ
機械検査	機械検査
機械保全	機械系保全
電子機器組立て	電子機器組立て

電気機器組立て	回転電機組立て
	変圧器組立て
	配電盤・制御盤組立て
	開閉制御器具組立て
	回転電機巻線製作
プリント配線板製造	プリント配線板設計
	プリント配線板製造

7 その他（14 職種 26 作業）

職種名	作業名
家具製作	家具手加工
印刷	オフセット印刷
製本	製本
プラスチック成形	圧縮成形
	射出成形
	インフレーション成形
	ブロー成形
強化プラスチック成形	手積み積層成形
塗装	建築塗装
	金属塗装
	鋼橋塗装
	噴霧塗装
溶接●	手溶接
	半自動溶接
工業包装	工業包装
紙器・段ボール箱製造	印刷箱打抜き
	印刷箱製箱
	貼箱製造
	段ボール箱製造
陶磁器工業製品製造●	機械ろくろ成形
	圧力鋳込み成形
	パッド印刷
自動車整備●	自動車整備
ビルクリーニング	ビルクリーニング
介護●	介護
リネンサプライ●△	リネンサプライ仕上げ

○ 社内検定型の職種・作業（１職種３作業）

職種名	作業名
空港グランドハンドリング●	航空機地上支援
	航空貨物取扱
	客室清掃

（注１）●の職種：「技能実習評価試験の整備等に関する専門家会議」による確認の上、人材開発統括官が認定した職種

（注２）△の職種：作業は２号まで実習可能。

⑩ 技能実習生の処遇

1．講習期間中の処遇

講習期間中は、技能実習生に係る雇用契約が未だ発効していないので、監理団体が収入のない技能実習生に生活上の必要な実費として講習手当を支給することになります。

宿舎は無償提供とします。また、講習手当の額は入国前に技能実習生に示すことが求められています。この講習手当は賃金ではありませんので、所得税の対象とはなりません。

雇用契約は、「技能等の修得活動」を開始する時点から効力を生じます。

講習期間中に、監理団体または実習実施者が未だ雇用関係の生じていない技能実習生に対して指揮命令を行うことはできないので、講習のない休日や夜間に技能等修得活動を行わせてはいけません。

2．実習期間中の処遇

外国人技能実習制度に係る関係法令について必要な説明を行うとともに、書面をもって、実習内容、移行に関する条件等および技能実習期間中の労働条件を明示（母国語併記）する必要があります。

①技能実習は、講習で修得した技術、技能または知識を生産の現場で更に高めるため、講習を受けた企業と同一企業において雇用関係の下で行われます。したがって、技能実習生には労働基準法、労働安全衛生法、最低賃金法、労働者災害補償保険法、雇用保険法、健康保険法、厚生年金保険法等の労働・社会保険関係法令が適用されます。受入れ企業はこれらの法令の内容について技能実習生の理解を促進するため必要な措置を講じることが必要となります。

②技能実習が始まると、受入れ企業と技能実習生との間で労働関係が生じることとなりますので、労働契約を締結する必要があります。その場合、トラブル等が生じないためにも、受入れ企業と技能実習生それぞれの権利義務を明確にする上で、契約書を正副２部作成し、双方で１部ずつ保管することが望まれます。

③労働基準法で定める基準に達しない労働条件を定める労働契約は、その部分について無効となり、法律による基準が適用されます。

④契約内容は、就業規則に定める基準を下回ることはできません。労働契約の締結に際しては、技能実習生に対して賃金、労働時間その他労働条件を明示しなければなりません。特に、次の事項については書面で明示しなければなりません。

ア．労働契約の期間に関する事項

イ．就業の場所および従事する業務に関する事項

ウ．始業および終業時刻、所定労働時間を超える労働の有無、休憩時間、休日、休暇、交替勤務をさせる場合の就業時転換に関する事項

エ．賃金の決定、計算および支払いの方法、賃金の締切りおよび支払いの時期に関する事項

オ．退職に関する事項（解雇の事由を含む）

また、労働条件について、技能実習生の国籍、信条または社会的身分を理由として、差別的取扱いをすることは禁止されています。

3．賃金の支払い

①次に掲げる賃金支払いの５原則を守らなければなりません。

ア．通貨（日本円）で支払うこと※

ただし、本人の書面による同意に基づき、本人が指定する本人名義の口座に振り込むことができます。なお、口座振込による賃金の支払いに当たっては、これらの要件に加えて、賃金支払い明細書の交付および労使協定を締結することが必要です。

イ．直接技能実習生本人に支払うこと

ウ．全額支払うこと※

全額支払いの原則は、賃金の一部を控除して支払うことを禁止するものです。したがって、積立金・貯蓄金などを賃金から差し引くこと、貸付金と相殺することなどすべて控除にあたります。

エ．毎月最低１回支払うこと

オ．一定期日に支払うこと

②賃金額については、次のことに留意してください。

ア．女性であること、国籍によって差別的取扱いをしてはいけません。

イ．適用される地域別最低賃金または産業別最低賃金による最低賃金以上の額を払うことは当然ですが、報酬は日本人が従事する場合の報酬と同等額以上であること（最低賃金は、原則として毎年改定されます）。

③時間外労働・休日労働または深夜労働を行わせた場合は、それぞれの割増賃金の支払いが必要です。

④賃金の支払いに当たっては、必ず、賃金支払い明細書を交付し、領収書または領収印（サイン）を取りつけておく必要があります。

⑤賃金台帳を作成するとともに、賃金支払いの都度記入し保存してください。

⑥労働契約に付随して技能実習生に貯蓄の契約をさせ、または貯蓄金を管理する契約をすることは禁止です。

⑦他人の就業に介入して利益を得ること（中間搾取）はできません。

※　１．賃金の口座振込み

賃金の口座振込みは、通貨払いの原則の例外として、受入れ企業内で口座振込みに関する労使協定が締結されていることを前提に、次の要件を充足すれば可能です。

①技能実習生本人の同意があること
②技能実習生が指定する本人名義の預貯金等の口座に振り込まれること
③振り込まれた賃金の全額が所定の賃金支払日に引き出せること

２．賃金から控除されるもの

全額払いの原則の例外として、以下のものを賃金から控除することができます。

①所得税・住民税および社会保険料や労働保険料
所得税・住民税を源泉徴収することおよび社会保険料や労働保険料を控除することが法令で認められています。

②寮費や光熱費
これらの費用を賃金から控除する場合には、受入れ企業は労使協定を締結しなければなりません。

4．税金関係

技能実習生は１年目から雇用契約を締結して賃金を得るため、給与所得者に該当します。したがって日本人従業員と同様に、税金の納税義務が発生します。

①所得税

毎月給与支払いの都度、事業者（納税義務者）によって所得税が引かれ、納税される源泉徴収制度が適用になります。年末あるいは帰国時には、年末調整あるいは確定申告を行う必要があります。

②住民税

技能実習生は、１年以上居住する居住者（非永住者）に該当することから、居住後１年後から前年の給与所得に課税されるため、２年目から源泉徴収されます。

帰国する際には、既に年間の納税予定額が確定しているため、帰国前の最終賃金支給月に当該年度の住民税未徴収額を一括源泉徴収する必要があります。

③配偶者控除等

技能実習生が母国に配偶者や扶養家族がいて、生活費等を支給している場合は、事前に税務署長に申告を行うことで、所得税・住民税の配偶者控除・扶養控除をうけることができます。

5．保険関係

①健康保険

一定要件（※注）の事業所の被雇用者が対象となる保険です。これは、事業以外の疾病やケガに対して治療費等の一部について次の給付がされる保険です（この保険が適用されない人は、同様の主旨である国民健康保険に加入することになります。）

・療養の給付（診療、薬剤等の支給、入院他）

・傷病手当金・埋葬料・出産育児一時金・出産手当金等

（※注）一定要件…５人以上の労働者を雇用する個人事業所とすべての法人事業所

②厚生年金

一定要件の事業所の被雇用者の老齢、障害または死亡について保険給付することを目的とした保険で、被保険者の負担金は、毎月の給与から控除されます。

③労働者災害補償保険

業務上または通勤途上で災害を被った場合、その内容により次の補償がされます。

・療養（補償）給付　・休業（補償）給付　・障害（補償）給付

・遺族（補償）給付　・傷病（補償）年金　・介護（補償）給付

・葬祭料（葬祭給付）

④雇用保険

被雇用者が失業した場合、様々な給付を受けたり、雇用を安定するための様々な事業を助成することを目的とした保険です。

技能実習生のうち、倒産または事業の縮小といった特別な理由で離職した者については、再就職斡旋が可能となることから、雇用保険の受給資格決定が可能となります。

⑤外国人技能実習生総合保険

毎年、不慮の事故や疾病に遭遇する技能実習生が見受けられることから、関係法令に基づき健康保険等に加入することはもちろんのこと、これらの公的保険を補完するものとして民間の障害保険等に加入することについても、技能実習生の保護に資するものといえます。

● 外国人技能実習生総合保険※の特徴

① 技能実習生が母国出発から帰国するまで、在留資格「技能実習１号」、「技能実習２号」「技能実習３号」を合わせた（初期）講習期間を含む実習実施期間中の全期間をカバーする保険ですので、在留資格の変更に伴う保険加入漏れを防ぐことができます。

② 治療費用については、国民健康保険、健康保険等の資格取得の時期を考慮し、母国出国から一定期間は治療費用が100％補償されます。

③ 公益財団法人国際研修協力機構（JITCO）が窓口となって取り扱うことで、一般の個別契約よりも割安な保険料で加入することができます（全ての加入者から申し込まれる被保険者数により割引率が変更になる場合があります）。

※外国人技能実習生総合保険：海外旅行傷害保険に外国人研修生特約、技能実習特約、治療費用の支払い責任の一部変更に関する特約等をセットにしたものです。

＜補償内容＞

技能実習生の思いがけないアクシデントに対し、実習実施機関として十分な補償を備える必要があります。

技能実習制度５年延長に伴う手続きについて、技能実習制度５年延長時にはJITCO保険の再加入が必要となります。

取扱代理店（お問い合わせ先）：株式会社　国際研修サービス 〒105-0014　東京都港区芝３－43－16　ＫＤＸ三田ビル９階 TEL：03（3453）3700　　FAX：03（3453）3703

■補償対象期間

時系列	出国	帰国 再入国	帰国
在留資格	技能実習１号（１年） 技能実習２号（２年）	● 再加入手続きのタイミング	技能実習３号（２年）
外国人技能実習生総合保険	技能実習生向けの保険（３年まで）		再加入で２年延長

■補償範囲

時系列	出国	帰国 再入国	帰国
期　間	治療費用100％補償期間※１	治療費用 30％補償期間	治療費用 30％補償期間
死亡時の補償【日常生活】	死亡保険（一時金）		死亡保険（一時金）
後遺障害の補償【日常生活】	後遺障害保険金（一時金）		後遺障害保険金（一時金）
傷害、疾病治療費【日常生活】	治療費用の100％補償※２	国民健康保険、協会けんぽ、組合管掌健康保険（70％給付） 治療費用の 30％補償※３	国民健康保険、協会けんぽ、組合管掌健康保険（70％給付） 治療費用の 30％補償※３
第三者への損害賠償【日常生活】	損害賠償金、訴訟費用 等		損害賠償金、訴訟費用 等
死亡、危篤時の救援者費用	救援者（ご家族）の往復交通費、ホテル宿泊費 等		救援者（ご家族）の往復交通費、ホテル宿泊費 等

※１　傷害、疾病治療費用を 100％補償する期間は、加入時に「15 日・１カ月・２カ月」の３パターンから選択してください。
※２　治療費用 100％補償期間中であっても公的保険からの補償が受けられる場合は、支払われる保険金が調整される場合があります。
※３　治療費用 100％補償期間終了後は、雇用契約が発効されず健康保険等の被保険者になっていない場合、健康保険等の被保険者であっても健康保険対象外の治療によって健康保険等からの給付がなされない場合、技能実習終了後の日本国を出国してから母国等で帰国手続きを終了するまでの間で健康保険等の被保険者になっていない場合は、実際に負担される治療費用に 30％を乗じた額での支払いになります。

死亡・後遺障害、治療費用、疾病治療費用、疾病死亡保険金について、治療費用100％補償期間終了後は、業務上の事由または通勤によらない傷病のみが保険金支払いの対象となります。

6．技能実習生の保護に関する措置

技能実習法では、適正な技能実習を担保するため、監理団体・実習実施者等を対象として、禁止行為等を法定化しました。対象となるのは、下記の者です。

❶実習監理者等：実習監理（団体監理型実習実施者と技能実習生の雇用関係あっせんや技能実習の実施に関する監理）を行う者またはその役員・職員

❷技能実習関係者：技能実習を行わせる者もしくは実習監理を行う者またはこれらの役員・職員

❸実習実施者等：実習実施者もしくは監理団体またはこれらの役員・職員

①技能実習の強制

実習監理者等は、暴行・脅迫・監禁等により技能実習生の意思に反して技能実習を強制してはなりません（技能実習法第 46 条）。

本条については、「1 年以上 10 年以下の懲役または 20 万円以上 300 万円以下の罰金」という最も重い罰則規定を設けています。

実習実施者については、技能実習生の使用者に該当することから、労働基準法第5条（強制労働の禁止）の対象になります。罰則は技能実習法と同様です。

②賠償予定

実習監理者等は、技能実習に関する契約不履行について、違約金を定め、損害賠償額を予定する契約をしてはなりません（技能実習法第 47 条第 1 項）。技能実習生だけではなく、配偶者・親族等を対象とする契約も禁止されています。

罰則は、「6 月以下の懲役または 30 万円以下の罰金」です。

実習実施者については、労働基準法第 16 条（賠償予定の禁止）の対象になります。罰則は技能実習法と同様です。

③強制貯蓄

実習監理者等は、技能実習契約に付随して貯蓄・貯蓄金管理の契約をさせてはなりません（技能実習法第 47 条第 2 項）。

罰則は、「6 月以下の懲役または 30 万円以下の罰金」です。

実習実施者については、労働基準法第 18 条（強制貯金）の対象になります。罰則は技能実習法と同様です。

④在留カードの保管

技能実習関係者は、技能実習生の旅券・在留カードを保管してはなりません（技能実習法第48条第1項）。技能実習生の意思に反して保管した場合、「6月以下の懲役または30万円以下の罰金」の対象になります。

⑤外出制限等

技能実習関係者は、技能実習生の外出その他の私生活の事由を不当に制限してはなりません（技能実習法第48条第2項）。罰則は上記と同様です。

⑥通報・申告窓口の整備

技能実習生は、実習実施者等の法違反等について、主務大臣に申告ができます（技能実習法第49条第1項）。技能実習生が申告しやすいように、外国人技能実習機構では、母国語による相談窓口（電話、メール）を設けています。申告制度については、技能実習生に配布する技能実習生手帳にも記載されています。

実習実施者等は、申告を理由として技能実習生に対して不利益な取扱いをしてはなりません（同第2項）。違反した場合、「6月以下の懲役または30万円以下の罰金」の対象になります。

技能実習生を迎える準備として、どんなことに配慮が必要か

技能実習生は母国の期待を背負い、意欲を持って来日します。

受入れ機関は彼らの実習意欲に応えるため、技能実習生の技能修得活動が十分に行えるかどうか、チェックしておくことが必要です。5年以上の経験を有する実習指導員により、単純労働の繰り返しではなくOJTによる実践的な技能等の移転が行える体制と施設の確保が必要です。

また、技能実習生は異国である日本で、初めて日常生活を送る事になります。日本の生活になじめず、ホームシックやカルチャーショック等の精神障害を引き起こすケースもあります。このため、宿泊施設の確保と生活指導員の役割が極めて重要です。

1　宿泊施設の留意点

- 狭隘・劣悪な施設は不適切です。6畳間に2人以下を目安とすることが大切です。またシャワー等の設備が必要です。
- プライバシーや人間関係も考慮し、技能実習生同士の公平性に注意することが必要です。
- 技能実習生の宿泊施設は、実習場所や生活指導員の住居近くが望ましいです。
- 自炊の場合は、調理器具・ガス等を設置し、生活指導員による指導・説明が必要です。

2　生活指導員の役割

- 生活指導員を必ず配置し、生活上の留意点を指導するだけでなく、親身になって技能実習生の相談に乗って世話をする必要があります。
- 生活指導員は外国人である事に留意して、相手を尊重してコミュニケーションをとることが成功のカギといえます。

⑪ 外国人技能実習生をめぐるトラブル

生活習慣が違う、日本語がうまく話せないため意思の疎通ができない、長い間祖国を離れているのでストレスが溜まる等、技能実習生は不安だらけです。我々が行うなにげない事柄に傷ついているのかもしれません。外国人技能実習生に関するトラブル事例を以下に示します。

事例１：技能実習に不満を持つ技能実習生

性急に技能実習の成果を求める、自分のイメージに合わない技能実習を拒否するなどのトラブルが起こることがあります。その背景には、次のようなことがあります。技能実習生は自分の専門に対する自信と専門家意識が強く、そのため守備範囲外の技能実習内容に対しては、往々にして積極性を欠くことがあります。さらに高学歴者ほどプライドが高く、自分の専門能力と考え方に強い自信を持っています。

事例２：処遇をめぐる不満

技能実習生は、それぞれの国の身分秩序や階級関係に強くしばられています。そういった事情に配慮を怠った場合に、問題が起こることがあります。例えば、同一国から複数の技能実習生を呼び、同一の条件で宿舎などを整備した場合、彼等の中から、国内の関係からいえば当然自分の方が上位に処遇されるべきだという要求がでることがあります。このような場合、日本的平等感覚で折り合いをつけることは難しいと考えておくべきです。こうした問題に対処するには、事前に技能実習生に対して、処遇内容を周知徹底しておく必要があります。

事例３：ＯＪＴに対する考え方の違い

技能実習生の中には、整理整頓や掃除などを拒否する人がいます。また、高学歴者の場合には、エリート意識から一部の現場作業に馴染めないということもあります。ところが日本の職業訓練はOJTが大きな比重を占め、実地の作業抜きでは訓練が成立しません。しかも実地作業にとどまらず、職場環境の整備や担当以外の仕事への目配りを忘れないことも、大切な訓練内容になっています。そのため、ややもするとそのような作業が、技能実習生を雑用に使役させているとの誤解を生む原因となりがちです。こうした問題を避けるにはOJTに基盤を置く日本式の訓練システムの理解を深めてもらうことが必要です。

事例４：技能実習手当をめぐる技能実習生の不満

無断欠勤を続ける技能実習生に対して、日本側が手当をカットした例があります。また、職種などによって手当に差をつけるべきだとの要求が、技能実習生から出る場合もあります。手当を懲罰としてカットすることは問題です。手当は食費や生活上の諸雑費等を考慮して決定されるものであり、無断欠勤が続いても、技能実習生を如何に立ち直らせるかが課題となるのであって、手当のカットといった懲罰の対象となるものではないのです。同様に技能実習生から如何に強い要求があっても、職種によって手当に差をつけるべきではありません。

事例５：コミュニケーションギャップ

曖昧な表現や曖昧な態度で接することが原因で、よく技能実習生と日本人との間に誤解が生まれます。ことに来日期間の短い外国からの技能実習生は日本語能力が不充分であり、まして日本流の「以心伝心」といった対応は慣れていません。あからさまなくらいはっきりと筋道を立てて、できることとできないこと、何をすべきで、何をしてはいけないかを伝えるべきです。

JITCO

公益財団法人国際研修協力機構
（Japan International Training Cooperation Organization）

1991年（平成３年）９月設立の、法務、外務、経済産業、厚生労働、国土交通５省共管による財団法人で、設立の目的は外国人研修制度の適正かつ円滑な推進です。

具体的には、研修生の受入れ企業や団体に対して、研修計画の作成、海外の情報収集、入国手続き書類の作成等のアドバイスや保険加入の手続き等、また、技能実習制度の実施にあたっては、技能実習を予定する研修生の紹介、研修成果の評価、技能実習計画等の事務を行っています。

公益財団法人国際研修協力機構

〒108-0023　東京都港区芝浦２－11－５
五十嵐ビルディング11階・12階

TEL：03-4306-1100（代表）
URL：http://www.jitco.or.jp/

⑫ 外国人建設就労者

2017年（平成29年）10月23日付けにて、外国人建設就労者受入事業に関する運用の告示を一部改正する告示が公布されました。

1．受入期間の延長（改正告示附則第1の2）

認定を受けた適正監理計画に基づき2020年度末までに就労を開始した外国人建設就労者については、最長で**2022年度末まで**建設特定活動に従事することができるようになりました。

●（第2号技能実習終了後、1年以上の帰国期間を経て建設特定活動に従事する場合の例）

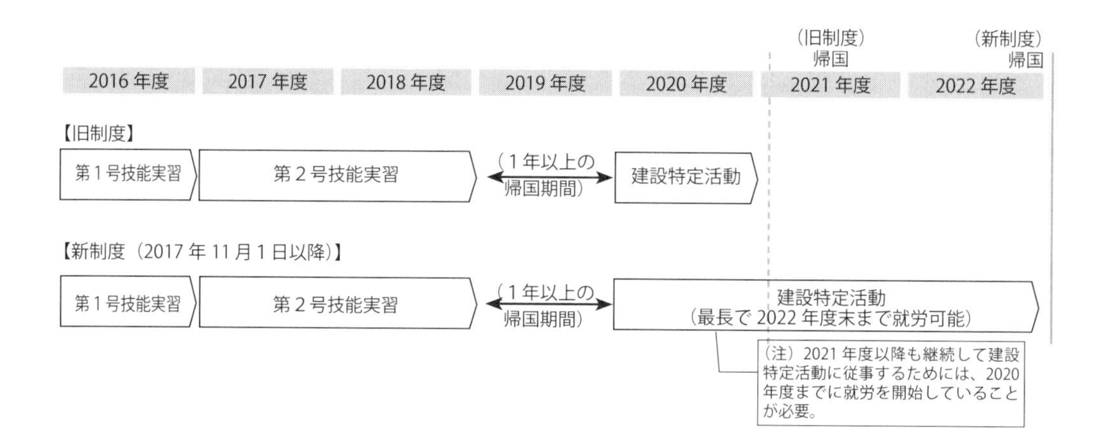

2．第2号技能実習の修了後特定活動の開始前に1カ月以上の帰国期間を設ける（改正告示第5の2（4））

改正前告示においては、第2号技能実習を修了した後、帰国期間を経ずに技能実習に継続する形で特定活動に移行することを認めていたところですが、改正告示の施行日（2017年（平成29年）11月1日）以降は、原則第2号技能実習の修了後特定活動を開始するまでの間に**1カ月以上の帰国期間**を経なければならないこととなりました。

※改正告示の施行日より前に適正監理計画の申請がなされ、2018年（平成30年）3

月 31 日までに特定活動に従事する者については、1カ月の帰国期間を不要とする取扱いとします（改正告示附則第２）。

※第３号技能実習を修了して特定活動に従事する者については、1年以上（第２号技能実習を修了して第３号技能実習に従事するまでに1年以上の帰国期間を経ている場合においては1カ月以上）の帰国期間が必要とする取扱いとします（改正告示第5の2（5））。

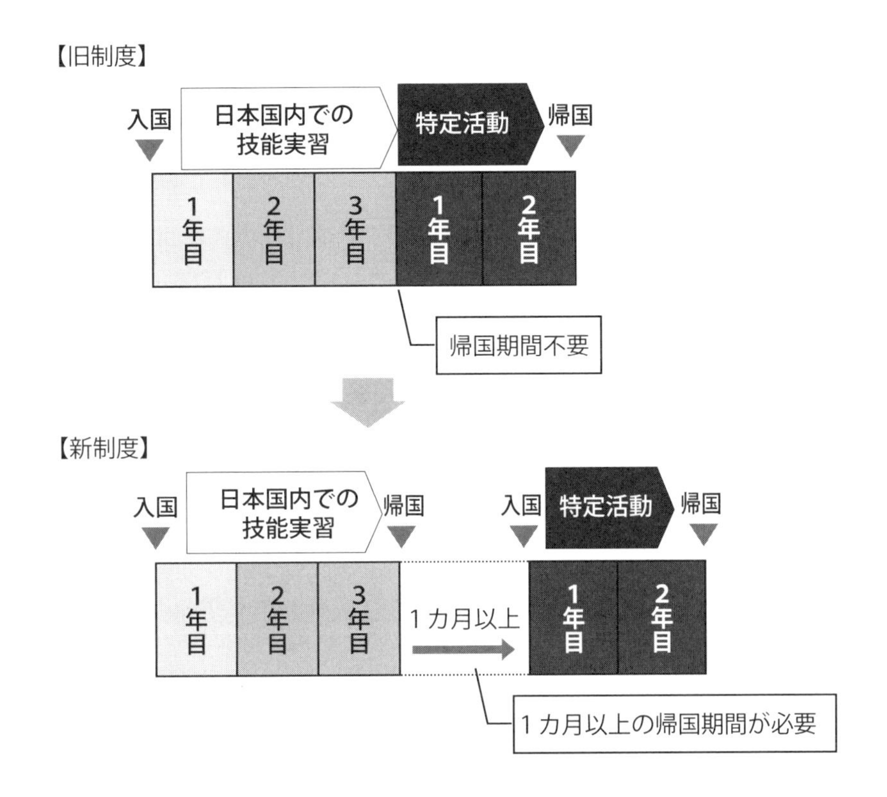

3．第２号技能実習の修了後特定活動を継続して開始することを可能とする経過措置の設定（改正告示附則第２）

2（改正告示第5の2（4））の措置に伴い、告示の施行日（11 月1日）以降は第2号技能実習または第3号技能実習の修了後特定活動を開始するまでの間に1カ月以上の帰国期間を経なければならないこととなりますが、施行日の時点において計画の認定を受けているまたは認定申請を行っている場合で、2018 年（平成 30 年）3月31 日までに特定活動を開始する者については、第2号技能実習修了後、特定活動を開始するまでに1カ月以上の帰国期間を経なくても良い取扱いとします。

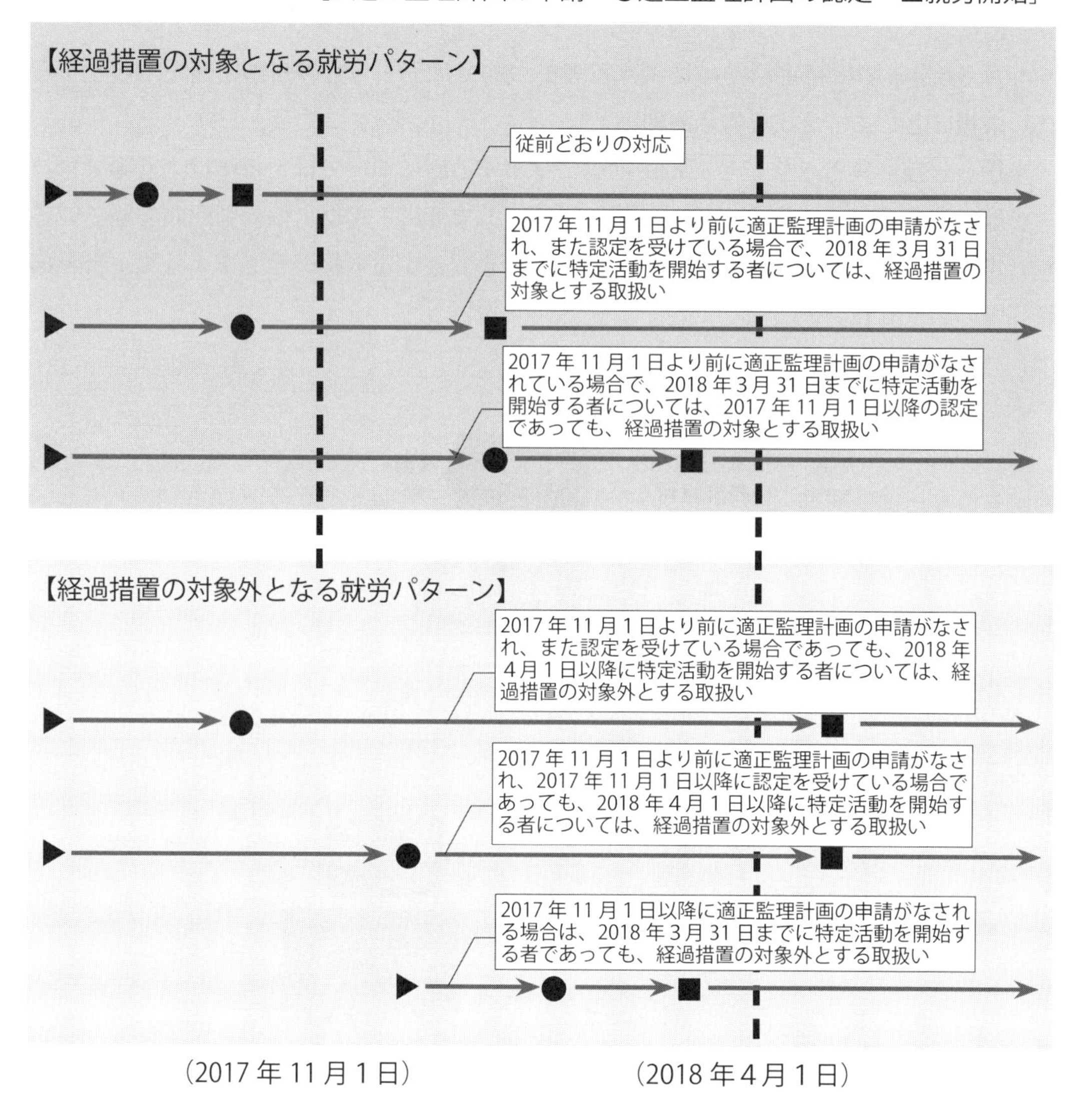

4.一時帰国を認める改正告示の公布について

2019年（令和元年）9月13日、「外国人建設就労者受入事業に関する告示の一部を改正する告示（令和元年国土交通省告示第541号）」が公布されました。

外国人の技能実習の適正な実施及び技能実習生の保護に関する法律施行規則の改正により、第2号技能実習終了後の一時帰国の時期について、従前認められていた第3号技能実習の開始前に加えて、第3号技能実習の開始後1年以内の一時帰国も認められることとなりました。

なお、建設特定活動開始から1年以内の間に行う一時帰国に係る旅費については、特定監理団体が負担することとします。

5．技能実習の一時帰国期間変更（柔軟化）に伴う就労形態の変更について

● これまでの就労形態

【第２号技能実習→第３号技能実習→建設特定活動】

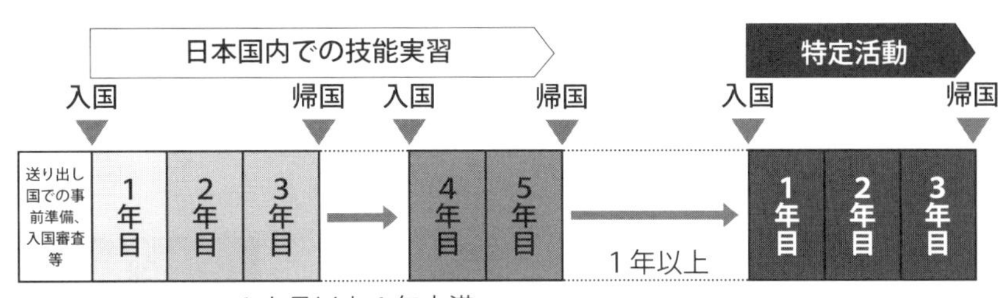

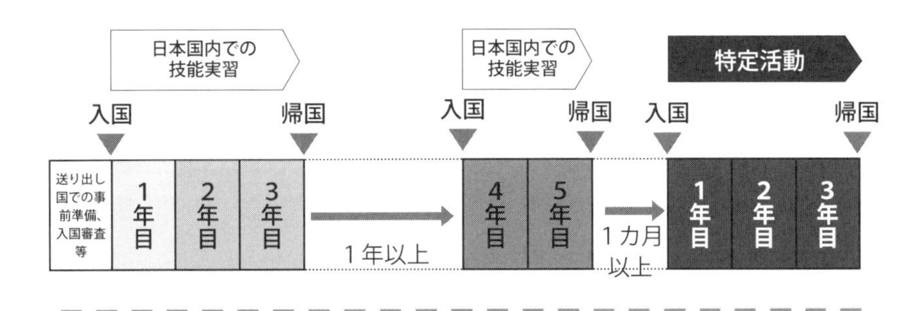

【第２号技能実習→建設特定活動→第３号技能実習】

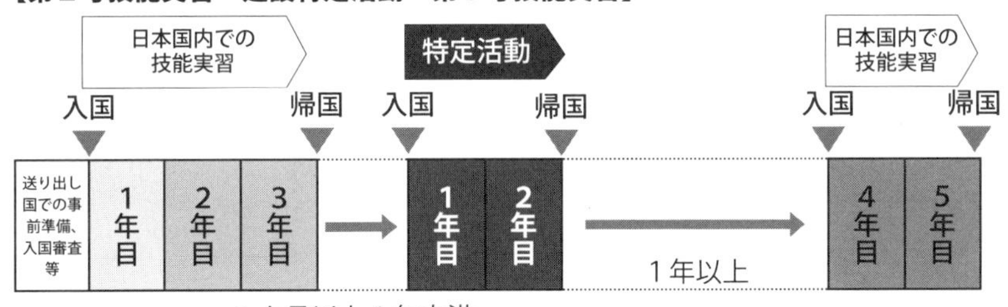

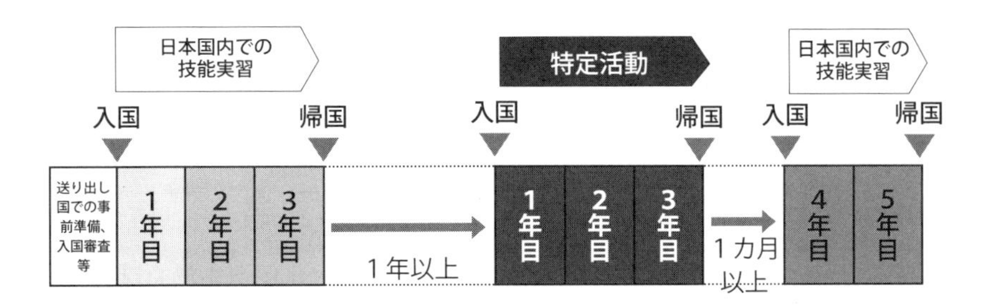

● 改正により認められる就労形態

【第２号技能実習→第３号技能実習→建設特定活動】

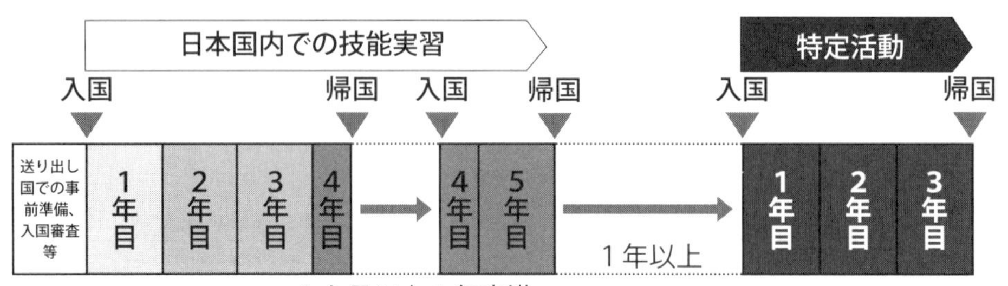

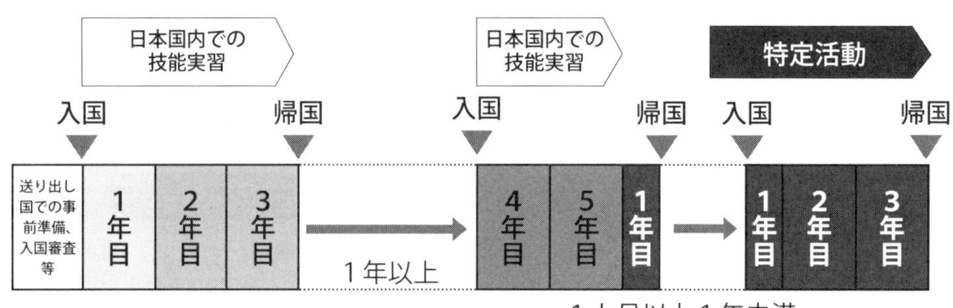

【第２号技能実習→建設特定活動→第３号技能実習】

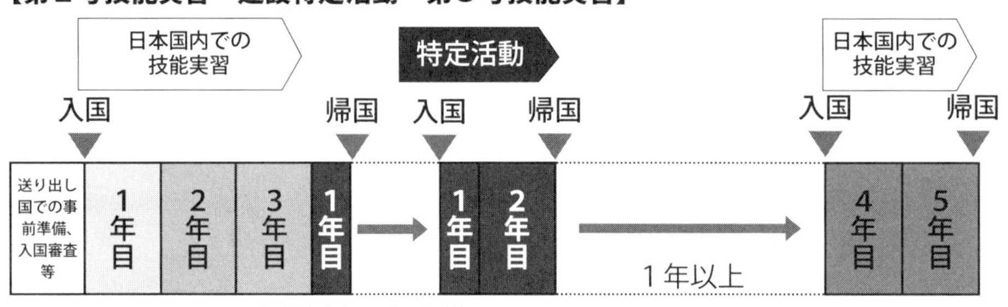

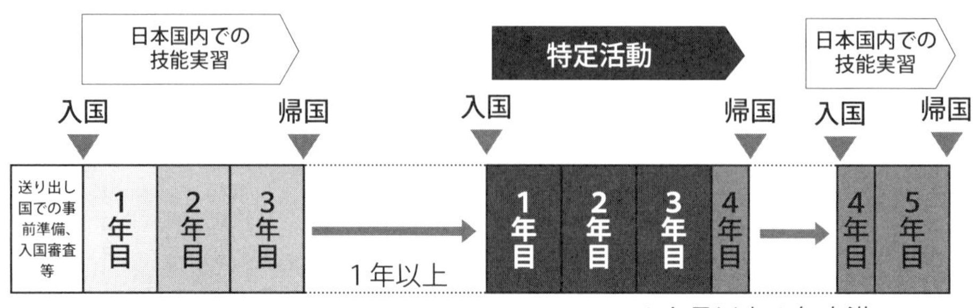

※建設特定活動開始から１年以内の間に行う一時帰国に係る旅費については、特定監理団体が負担する

⑬ 外国人建設就労者受入事業に関する告示

1．外国人建設就労者受入事業に関する告示

《2015年（平成27年）4月1日（一部1月1日）施行》

1）目的

復興事業の一層の加速化を図りつつ、2020年（令和２年）オリンピック・パラリンピック東京大会関連の建設需要に的確に対応するため、国内人材の確保に最大限努めなければなりません。その上でこの告示は、緊急かつ時限的な措置として即戦力となる外国人建設就労者の受入れを行う外国人建設就労者受入事業について、その適正かつ円滑な実施を図ることを目的としています。

2）用語

①建設分野技能実習

別表第１に掲げる職種および作業ならびに国土交通省が法務省および厚生労働省と協議の上で別に定める職種および作業（建設業者が実習実施機関である場合に限る。）に係る技能実習のうち、技能実習２号の活動（入管法別表第１の５の表の特定活動の在留資格（技能実習を目的とする活動を指定されたものに限る。）をもって在留する外国人が従事する活動を含む。）をいいます。

②外国人建設就労者

建設分野技能実習を修了した者であって、受入建設企業との雇用契約に基づく労働者として建設特定活動に従事する者をいいます。

定義は上記のとおりであり、その要件については、次に掲げる要件の全てを満たしていなければなりません。

ア．建設分野技能実習に概ね２年間従事したことがあること

イ．技能実習期間中に素行が善良であったこと

③受入建設企業

技能実習の実習実施機関として建設分野技能実習を実施したことがある事業者のうち適正監理計画の認定を受け外国人建設就労者を雇用契約に基づく労働者として受け入れて建設特定活動に従事させるものをいいます。

④特定監理団体

特定監理団体とは、監理団体（2010年（平成22年）６月30日までに研修の在留資格で在留する者の監理を行ったことがある団体を含む。）として技能実習生

の受入れを行ったことがある営利を目的としない団体のうち、認定を受け、建設特定活動の監理を行うものをいいます。

⑤建設特定活動

建設特定活動とは、特定監理団体の責任および監理の下に外国人建設就労者が受入建設企業との雇用契約に基づいて行う入管法別表第１の５の規定に基づき法務大臣が指定する活動をいいます。

● 別表第１　建設関係技能実習２号移行対象職種（22 職種 33 作業）

2019 年（令和元年）５月現在

職種	作業
さく井	パーカッション式さく井工事作業
	ロータリー式さく井工事作業
建築板金	ダクト板金作業、内外装板金作業
冷凍空気調和機器施工	冷凍空気調和機器施工作業
建具製作	木製建具手加工作業
建築大工	大工工事作業
型枠施工	型枠工事作業
鉄筋施工	鉄筋組立て作業
と　び	とび作業
石材施工	石材加工作業
	石張り作業
タイル張り	タイル張り作業
かわらぶき	かわらぶき作業
左　官	左官作業
配　管	建築配管作業
	プラント配管作業
熱絶縁施工	保温保冷工事作業
内装仕上げ施工	プラスチック系床仕上げ工事作業
	カーペット系床仕上げ工事作業
	鋼製下地工事作業
	ボード仕上げ工事作業
	カーテン工事作業
サッシ施工	ビル用サッシ施工作業
防水施工	シーリング防水工事作業
コンクリート圧送施工	コンクリート圧送工事作業
ウェルポイント施工	ウェルポイント工事作業
表　装	壁装作業
建設機械施工※	押土・整地作業
	積込み作業
	掘削作業
	締固め作業
築炉	築炉作業

注１　※の職種は JITCO 認定職種
注２　ほかに建設に関係するものとして、塗装職種に「建築塗装作業」と「鋼橋塗装作業」の２作業がある。

2．技能実習評価試験

技能実習の１号修了時に加え、２号および３号修了時に技能検定・技能評価試験の受験を義務付けています。

技能検定は職業能力開発法で内容や要件が定められていますが、技能実習評価試験は技能検定が存在しない職種について技能実習用に整備された試験であるため、主務大臣は試験の振興に努めるとともに、技能評価試験の基準を定めるものとしました（技能実習法第52条）。基準は規則第56条で定められていますが、厚生労働省人材開発統括官が定める「技能実習制度における移行対象職種・作業の追加等に係る事務取扱要領」で詳細な内容が示されています。

III

新たな在留資格「特定技能」

① 在留資格「特定技能」とは

在留資格「特定技能」は、2018 年（平成 30 年）12 月 8 日に可決・成立した「出入国管理及び難民認定法及び法務省設置法の一部を改正する法律」の中で、国内人材を確保することが困難な状況にある産業上の分野（特定産業分野（注））において、一定の専門性・技能を有する外国人に係る在留資格として創設されました。これにより 2019 年（平成 31 年）4 月から在留資格「特定技能」での受入れが可能となりました。

在留資格「特定技能」には、「特定技能 1 号」と「特定技能 2 号」の 2 種類があり、「特定技能 1 号」は特定産業分野に属する相当程度の知識または経験を必要とする技能を要する業務に従事する外国人に係る在留資格であり、「特定技能 2 号」は特定産業分野に属する熟練した技能を要する業務に従事する外国人に係る在留資格です。

特定技能の在留資格に係る制度の意義は、中小・小規模事業者をはじめとした深刻化する人手不足に対応するため、生産性向上や国内人材の確保のための取組み（女性・高齢者のほか、各種の事情により就職に困難をきたしている者等の就職促進、人手不足を踏まえた処遇の改善等を含む。）を行ってもなお人材を確保することが困難な状況にある産業上の分野（**特定産業分野**）に限って、一定の専門性・技能を有し即戦力となる外国人を受け入れていく仕組みを構築することです。

	特定技能 1 号のポイント	特定技能 2 号のポイント
在留期間	1 年、6 カ月又は 4 カ月ごとの更新、通算で上限 5 年を超えることができない	3 年、1 年または 6 カ月ごとの更新
技能水準	試験等で確認（技能実習 2 号を修了した外国人は試験等免除）	試験等で確認
日本語能力水準	生活や業務に必要な日本語能力を試験等で確認（技能実習 2 号を修了した外国人は試験等免除）	試験等での確認は不要
家族の帯同	基本的に認められない	要件を満たせば可能（配偶者、子）
受入分野（特定産業分野）	14 分野（注）	2 分野（建設、造船・船用工業）

（注）**特定産業分野（14 分野）**
①介護、②ビルクリーニング、③素形材産業、④産業機械製造業、⑤電気・電子情報関連産業、⑥建設、⑦造船・船用工業、⑧自動車整備、⑨航空、⑩宿泊、⑪農業、⑫漁業、⑬飲食料品製造業、⑭外食業

● 特定技能1号での受入れ分野（14分野）

所管※1	分野	受入れ見込数（5年間の最大値）	人材基準※2		従事する業務	雇用形態
			技能試験	日本語試験		
厚労省	介護	60,000人	介護技能評価試験【新設】等	国際交流基金日本語基礎テスト等（上記に加えて）介護日本語評価試験等	身体介護等（利用者の心身の状況に応じた入浴、食事、排せつの介助等）のほか、これに付随する支援業務（レクリエーションの実施、機能訓練の補助等）※訪問系サービスは対象外〔1試験区分〕	直接
	ビルクリーニング	37,000人	ビルクリーニング分野特定技能1号評価試験【新設】	国際交流基金日本語基礎テスト等	建築物内部の清掃〔1試験区分〕	直接
経産省	素形材産業	21,500人	製造分野特定技能1号評価試験【新設】	国際交流基金日本語基礎テスト等	・鋳造・金属プレス加工・仕上げ・溶接・鍛造・工場板金・機械検査・ダイカスト・めっき・機械保全・機械加工・アルミニウム陽極酸化処理・塗装〔13試験区分〕	直接
	産業機械製造業	5,250人	製造分野特定技能1号評価試験【新設】	国際交流基金日本語基礎テスト等	・鋳造・塗装・仕上げ・電気機器組立て・溶接・鍛造・鉄工・機械検査・プリント配線板製造・工業包装・ダイカスト・工場板金・機械保全・プラスチック成形・機械加工・めっき・電子機器組立て・金属プレス加工〔18試験区分〕	直接
	電気・電子情報関連産業	4,700人	製造分野特定技能1号評価試験【新設】	国際交流基金日本語基礎テスト等	・機械加工・仕上げ・プリント配線板製造・工業包装・金属プレス加工・機械保全・プラスチック成形・工場板金・電子機器組立て・塗装・めっき・電気機器組立て・溶接〔13試験区分〕	直接
国交省	建設※3	40,000人	建設分野特定技能1号評価試験【新設】等	国際交流基金日本語基礎テスト等	・型枠施工・土工・内装仕上げ／表装・左官・屋根ふき・コンクリート圧送・電気通信・トンネル推進工・鉄筋施工・建設機械施工・鉄筋継手〔11試験区分〕	直接
	造船・舶用工業※3	13,000人	造船・舶用工業分野特定技能1号試験（仮）【新設】等	国際交流基金日本語基礎テスト等	・溶接・仕上げ・塗装・機械加工・鉄工・電気機器組立て〔6試験区分〕	直接

	自動車整備	7,000人	自動車整備特定技能評価試験（仮）【新設】等	国際交流基金日本語基礎テスト等	自動車の日常点検整備、定期点検整備、分解整備〔1試験区分〕	直接
	航空	2,200人	航空分野技能評価試験（空港グランドハンドリング又は航空機整備）（仮）【新設】	国際交流基金日本語基礎テスト等	・空港グランドハンドリング（地上走行支援業務、手荷物・貨物取扱業務等）・航空機整備（機体、装備品等の整備業務等）〔2試験区分〕	直接
	宿泊	22,000人	宿泊業技能測定試験【新設】	国際交流基金日本語基礎テスト等	フロント、企画・広報、接客、レストランサービス等の宿泊サービスの提供〔1試験区分〕	直接
農水省	農業	36,500人	農業技能測定試験（耕種農業全般または畜産農業全般）【新設】	国際交流基金日本語基礎テスト等	・耕種農業全般（栽培管理、農産物の集出荷・選別等）・畜産農業全般（飼養管理、畜産物の集出荷・選別等）〔2試験区分〕	直接 派遣
	漁業	9,000人	漁業技能測定試験（漁業または養殖業）【新設】	国際交流基金日本語基礎テスト等	・漁業（漁具の製作・補修、水産動植物の探索、漁具・漁労機械の操作、水産動植物の採捕、漁獲物の処理・保蔵、安全衛生の確保等）・養殖業（養殖資材の製作・補修・管理、養殖水産動植物の育成管理・収獲（穫）・処理、安全衛生の確保等）〔2試験区分〕	直接 派遣
	飲食料品製造業	34,000人	飲食料品製造業技能測定試験【新設】	国際交流基金日本語基礎テスト等	飲食料品製造業全般（飲食料品（酒類を除く）の製造・加工、安全衛生）〔1試験区分〕	直接
	外食業	53,000人	外食業技能測定試験【新設】	国際交流基金日本語基礎テスト等	外食業全般（飲食物調理、接客、店舗管理）〔1試験区分〕	直接

※1　受入れ機関は、所管省庁が組織する協議会等へ参加し必要な協力を行うことが求められます。

※2　技能実習2号修了者は、在留資格「特定技能1号」取得のための技能試験・日本語試験が免除されます。

※3　特定技能2号は「建設」「造船・船用工業」に限られています。

●上記以外にも、分野ごとに受入れ機関に課される条件等があります。

（出典）JITCOホームページ

● 新制度創設による外国人材キャリアパス（イメージ）

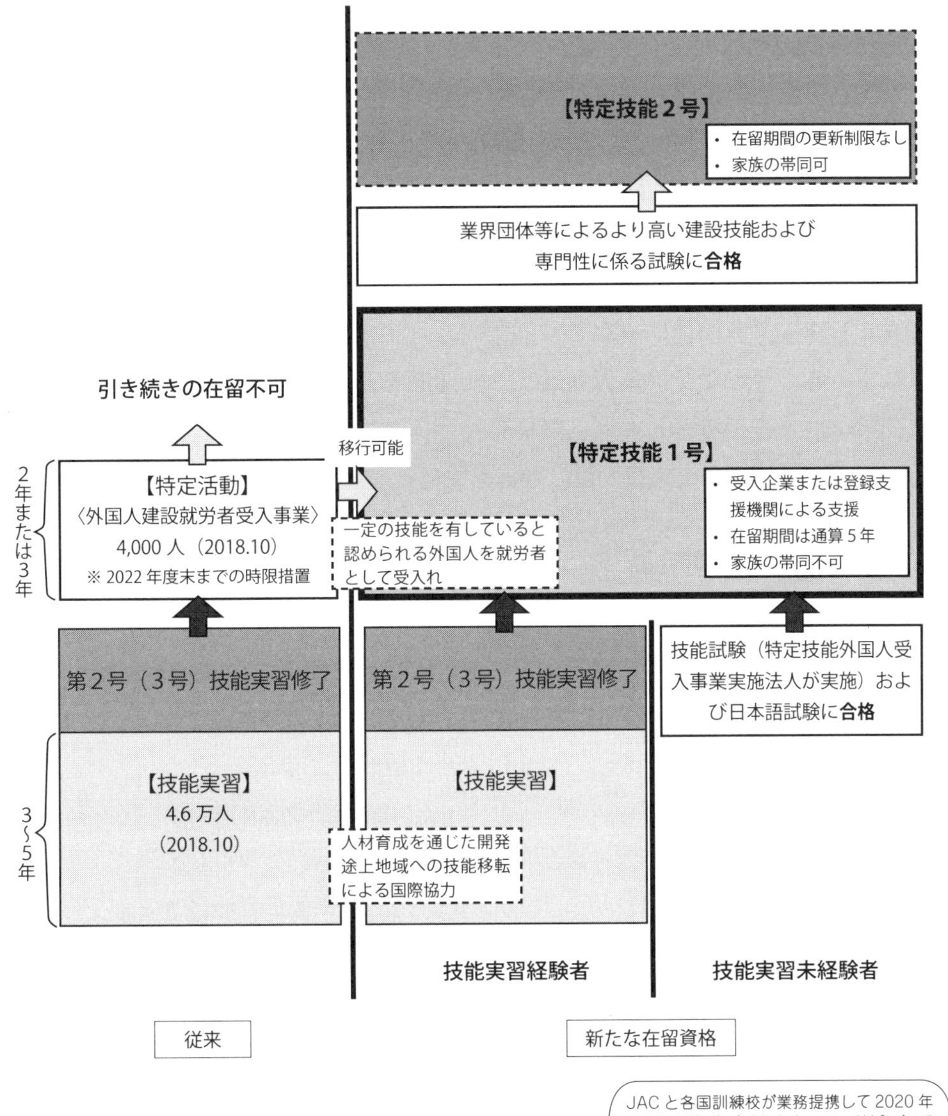

JAC と各国訓練校が業務提携して 2020 年２月には海外（ベトナム・フィリピン）での技能試験を実施予定

（出典）国土交通省ホームページ

● 建設（技能実習、外国人特定活動から特定技能への在留資格変更）の場合

- 建設キャリアアップシステムへの事業者登録
- 特定技能外国人受入事業実施法人（JAC）への加入
- 受け入れようとする外国人との特定技能雇用契約の締結
- 国交省による受入計画の認定（２カ月程度の審査期間）

⬇

出入国在留管理庁に在留資格認定証明書の交付申請

② 建設関係における特定技能外国人受入事業実施法人（一般社団法人建設技能人材機構）

特定技能外国人の受入れに当たって、元請ゼネコン、受入対象職種の専門工事業団体の16団体が発起人（設立時社員）となり、2019年（平成31年）4月1日に、20の建設業団体を正会員として、一般社団法人建設技能人材機構（JAC：Japan Association for Construction Human Resources）が発足しました。同機構は、国土交通大臣告示第10条において、「第10条の登録を受けた法人（特定技能外国人受入事業実施法人）又は当該法人を構成する建設業者団体に所属し、同条第1号イに規定する行動規範を遵守すること」とされていることを受け、業界共通ルールである公道規範を定め、これを構成員である受入企業に遵守させるとともに、関係業界団体が協力して受入事業を行うことを目的に設立され、同日付で国土交通大臣の登録を受けたものです。

● JAC：建設技能人材機構会員

正会員（24建設業者団体）

- （一社）日本左官業組合連合会
- （一社）日本型枠工事業協会
- 日本室内装飾事業協同組合連合会
- （一社）日本基礎建設協会
- （一社）全国コンクリート圧送事業団体連合会
- 全国圧接業協同組合連合会
- （公社）全国鉄筋工事業協会
- （一社）全国建設業協会
- （一社）日本道路建設業協会
- （一社）全日本瓦工事業連盟
- （一社）全国中小建設業協会
- （一社）日本電設工業協会
- （一社）情報通信エンジニアリング協会
- （一社）全国建設室内工事業協会
- （一社）日本機械土工協会
- （一社）全国基礎工事業団体連合会
- （一社）日本建設機械レンタル協会
- 日本建設インテリア事業協同組合連合会
- （公社）日本推進技術協会
- （一社）日本建設業連合会
- （一社）日本建設軀体工事業団体連合会
- 日本発破工事協会
- （一社）プレストレスト・コンクリート工事業協会
- （一社）プレストレスト・コンクリート建設業協会

賛助会員

- （一社）日本建設機械施工協会
- 建設企業　52社

（2019年（令和元年）10月1日現在）

1．外国人受入れに係る行動規範

機構は、特定技能外国人の適正かつ円滑な受入れの実現に向けて構成員が遵守すべき行動規範の策定および適正な運用を行います。

機構が策定した行動規範では、Ⅰ．業界全体として守るべき総則、Ⅱ．受入企業が守るべき義務、Ⅲ．元請企業の役割、Ⅳ．共同事業の実施、Ⅴ．実効性確保措置、Ⅵ．外国人技能実習生及び外国人建設就労者の取扱い、からなっています。

● 特定技能外国人の適切かつ円滑な受入れの実現に向けた建設業界共通行動規範

【策定：一般社団法人 建設技能人材機構】

Ⅰ．総則

1．建設業界は一般社団法人建設技能人材機構を設立し、行動規範の遵守に一致協力

2．低賃金雇用により競争環境を不当に歪める者等との関係遮断

3．生産性向上や国内人材確保の取組を最大限推進

4．労働関係法令等の遵守、特定技能外国人との相互理解、文化や慣習の尊重

Ⅱ．受入企業（雇用者）の義務

5．特定技能外国人が在留資格を適切に有していることを常時確認

6．同等技能・同等報酬、月給制等、技能の習熟に応じた昇給等の適切な処遇

7．外国人を含め被雇用者を必要な社会保険に加入

8．契約締結時に雇用関係に関する重要事項の母国語説明、書面での契約締結

9．外国人であることを理由とした待遇の差別的取扱の禁止

10．暴力、暴言、いじめ及びハラスメントの根絶、職業選択上の自由の尊重

11．建設キャリアアップシステムへの加入、技能習得・資格取得の促進

12．安全確保に必要な技能・知識等の向上支援、元請企業が行う安全指導の遵守

13．日常生活上及び社会生活上の支援

14．直接的、間接的な手段を問わず悪質な引抜行為を禁止

15．機構の行う共同事業の費用を負担

Ⅲ．元請企業の役割

16．建設キャリアアップシステムの活用等による在留資格等の確認の徹底、不法就労者・失踪者等の現場入場禁止

17．正当な理由なく、特定技能外国人を工事現場から排除することを禁止

18．特定技能外国人への適切な安全衛生教育及び安全衛生管理

19．自社の工事現場で就労する特定技能外国人に対する労災保険の適用を徹底

Ⅳ．共同事業の実施

20．事前訓練及び技能試験、試験合格者や試験免除者の就職・転職支援の実施

21．日本の建設現場未経験の特定技能外国人に対する安全衛生教育を実施

22．受入企業による労働関係法令の遵守、理解促進等を推進

23．受注環境変化時の特定技能外国人への転職先の紹介、斡旋

24．（一財）国際建設技能振興機構に委託して、巡回訪問等による指導・助言業務、苦情・相談への対応を実施

25．地方部の求人情報発掘、都市部と地方部の待遇格差是正のための助言・指導等、建設特定技能協議会からの地域偏在対策に関する要請に応じて必要な措置を実施

26．会費徴収や共同事業等の事業運営を実施

Ⅴ．実効性確保措置

27．本規範の違反者に対する除名等

28．必要に応じた国土交通省、法務省その他関係機関と連携

Ⅵ．外国人技能実習生及び外国人建設就労者の取り扱い

29．特定技能外国人への外国人技能実習生及び外国人建設就労者の適正な就労環境の確保取扱に準じた

● 特定技能外国人受入事業実施法人の役割

建設分野における外国人の受入れに当たっては、建設技能者全体の**処遇改善**、低賃金・保険未加入・劣悪な労働環境等のルールを守らない**アウトサイダーやブラック企業の排除**、他産業・他国と比して**有為な外国人材の確保、失踪・不法就労の防止、受注環境の変化に対する的確な対応**等の課題に対応する必要

建設業者団体等が共同して設立する法人において、業界を挙げてこれらの課題に的確に対応することにより、建設分野における外国人の適正かつ円滑な受入れを実施

特定技能外国人受入事業実施法人

- 特定技能外国人の適正かつ円滑な受入実現に向けた行動規範の策定・適正な運用
- 建設分野特定技能評価試験の実施
- 特定技能外国人に対する講習・訓練または研修の実施、就職のあっせんその他の雇用機会確保の取組み
- 認定受入計画に従った適正な受入れを確保するための取組み

○**アウトサイダー・フリーライダーの防止**（全員加入・公平負担の原則）
○多数職種の**共同実施によるスケールメリットの発揮**
○公正競争・適正就労の**ルール遵守・ルールを守らない企業の排除**
○**民間職業紹介事業者の役割を代替**

2．民間の職業紹介事業者の介在ができない仕組みの補完

一般的には、企業は、特定技能外国人の人材紹介を受けるために、民間の職業紹介事業者が介在することが想定されていますが、建設業務（土木、建築その他工作物の建設、改造、保存、修理、変更、破壊もしくは解体の作業またはこれらの作業の準備の作業に係る業務をいう。）に就く職業については、**一般の民間の有料職業紹介事業者による職業紹介は行ってはいけないこととなっています。**

このため、機構では、傘下の会員である受入企業や傘下の団体の会員である受入企業に対して、職業紹介事業を行うこととしています。

3．機構が会員のために行う共同事業

特定技能外国人受入事業実施法人である機構は、国土交通大臣告示第 10 条により、以下に掲げる受入事業を実施します。

- 建設分野における特定技能の在留資格に係る制度の運用に関する方針（2018 年（平成 30 年）12 月 25 日閣議決定）に定めるすべての試験区分についての建設分野特定技能評価試験の実施
- 特定技能外国人に対する講習、訓練または研修の実施、就職のあっせんその他の

特定技能外国人の雇用の機会の確保を定めるために必要な取組み

- 特定技能所属機関が認定受入計画に従って適正な受入れを行うことを確保するための取組み

以上を図にすると次のとおりです。

● 機構と関係機関との業務連関イメージ

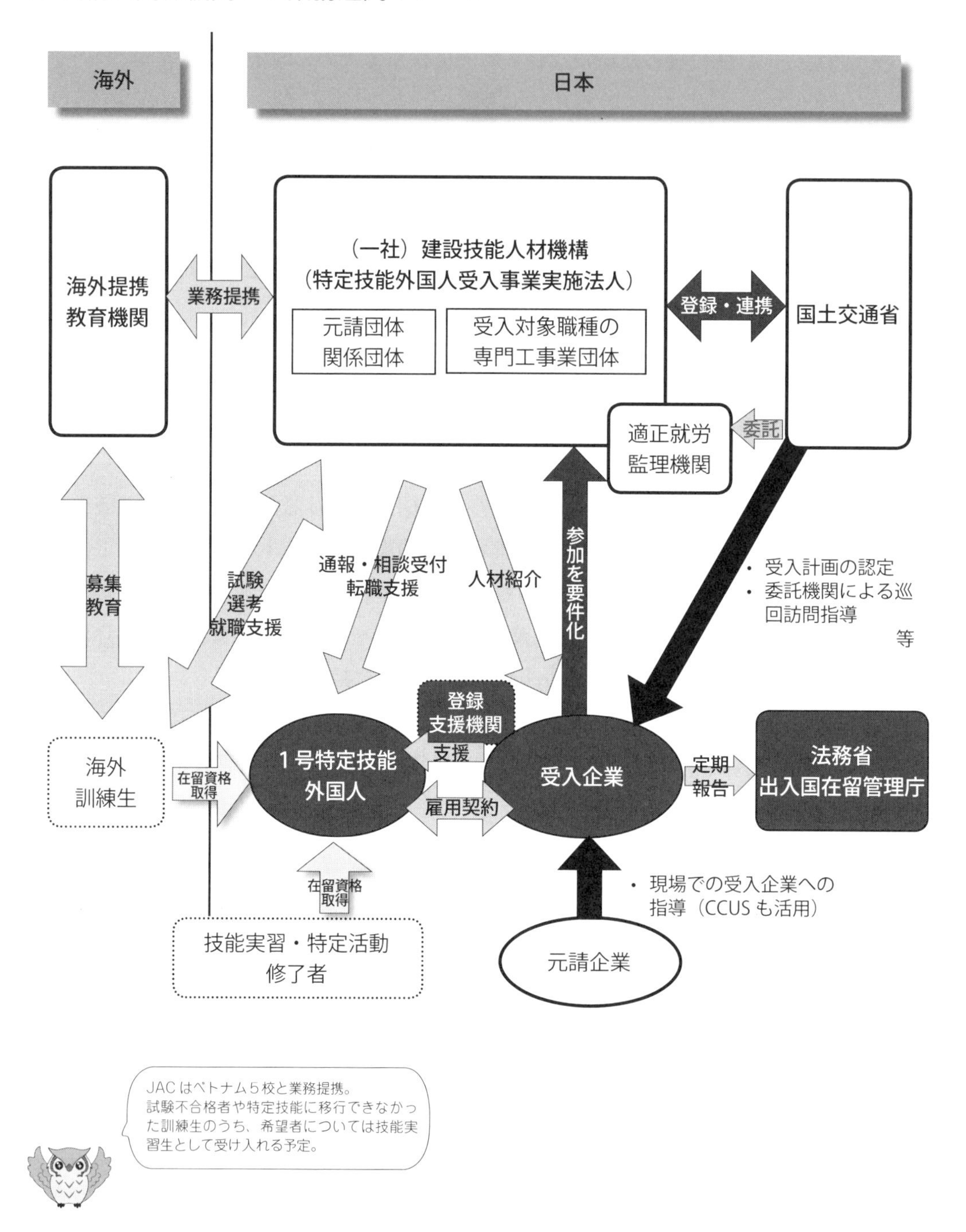

4．建設業の特性を踏まえた対策の実施

課題１　建設業は、季節による**受注量の変動**が激しい業種。技能労働者の賃金は**６割が日給制**で仕事がないと手取り賃金が下がる

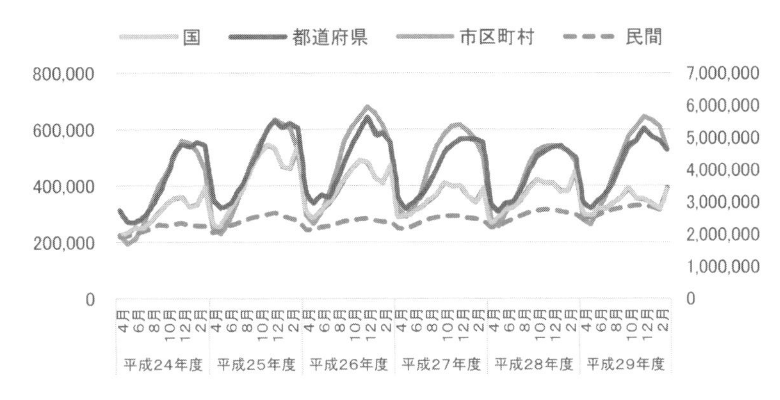

出典：建設総合統計出来高ベース（全国）

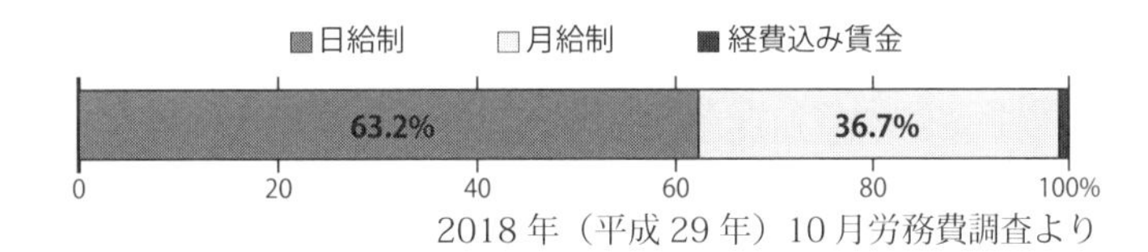

2018年（平成29年）10月労務費調査より

課題２　建設業は、受注した工事ごとに**就労する現場が変わる**

- 雇用主による労務管理、就労管理が難しい
- 現場ごとに他業者との接触が多く、引き抜き等の可能性が高い建設キャリアアップ

課題３　**現場管理は元請、労働者を雇用**するのは下請の**専門工事業者**で、中小零細業者が大半

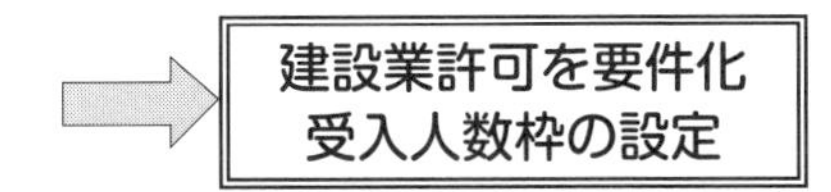

③ 建設キャリアアップシステム登録も義務化へ～失踪抑制に向け、技能実習等の基準を強化～

国土交通省は、建設分野の技能実習生の受入れに当たり、受入人数枠の設定や、建設キャリアアップシステムへの登録等を義務化する内容の告示※を7月5日に制定・公布し、2020年（令和2年）1月より施行します。

※「建設関係職種等に属する作業について外国人の技能実習の適正な実施及び技能実習生の保護に関する法律施行規則に規定する特定の職種及び作業に特有の事情に鑑みて事業所管大臣が定める基準等」（令和元年国土交通省告示第269号）

1．背景

外国人技能実習生のうち、建設分野は失踪者数が分野別で最多であり、実効性ある対策が急務です。失踪要因は、報酬の変動や、就労場所が変わり就労管理が難しいなどがあります。

2019年（平成31年）4月から、改正入管法による新たな在留資格（特定技能）の運用が開始されたことを受け、技能実習制度・外国人建設就労者受入事業においても新制度との整合性を図りながら、適正な運用を図る必要があることがあげられます。

2．概要とスケジュール

建設分野の技能実習計画の認定に当たり、以下の基準を追加し、外国人技能実習機構において審査することとします。なお、施行日以降※新規に受け入れる外国人技能実習生に対して適用され、既に受け入れている実習生は、経過措置により本基準の適用外となります。

※ 2020年（令和２年）１月１日の施行日前に受入れた実習生に対しての適用はありません。

（１）技能実習を行わせる体制の基準（2020年（令和２年）１月１日施行）

- 申請者が建設業法第３条の許可を受けていること
- 申請者が建設キャリアアップシステムに登録していること
- 技能実習生を建設キャリアアップシステムに登録すること

（２）技能実習生の待遇の基準（2020年（令和２年）１月１日施行）

- 技能実習生に対し、報酬を安定的に支払うこと

（３）技能実習生の数（2022年（令和４年）４月１日施行）

- 技能実習生の数が常勤職員の総数を超えないこと（優良な実習実施者・監理団体は免除）

◎優良な実習実施者以外の団体監理型技能実習で常勤職員数が９人未満（１～８人）の場合、現行は最大９名の技能実習者を受け入れることが可能ですが、告示施行後は、常勤職員数までしか受け入れられないこととなります。

＊外国人建設就労者受入事業についても、「外国人建設就労者受入事業に関する告示の一部を改正する告示」（令和元年国土交通省告示第268号）により、同様の措置を講じます。

3．建設分野における受入れ基準の見直しについて

	※ 2019.4.1 より適用	※ 2020.1.1（人数枠の設定は 2022.4.1）より適用	※ 2020.1.1 より適用（「その他」は交付日より適用）
	特定技能（新設した基準）	技能実習 （下線部：追加する基準案）	外国人建設就労者受入事業 （下線部：追加する基準案）
受入企業に関する基準	• 外国人受入れに関する計画の認定を受けること • 建設業法第３条の許可を受けていること • 建設キャリアアップシステムに登録していること • 建設業者団体が共同して設立した団体（国土交通大臣の登録が必要）に所属していること　等	• 技能実習計画の認定を受けること • 建設業法第３条の許可を受けていること • 建設キャリアアップシステムに登録していること　等	• 適正監理計画の認定を受けること • 建設業法第３条の許可を受けていること • 建設キャリアアップシステムに登録していること　等
処遇に関する基準	• １号特定技能外国人に対し、 » 日本人と同等以上の報酬を » 安定的に支払い、 » 技能習熟に応じて昇給を行うこと • １号特定技能外国人に対し、雇用契約締結前に、重要事項を書面にて母国語で説明していること • １号特定技能外国人を建設キャリアアップシステムに登録すること　等	• 技能実習生に対し、 » 日本人と同等以上の報酬を » 安定的に支払うこと • 雇用条件書等について、技能実習生が十分に理解できる言語も併記の上、署名を求めること • 技能実習生を建設キャリアアップシステムに登録すること※１号実習生は、２号移行時までに登録完了すればよい　等	• 外国人建設就労者に対し、 » 日本人と同等以上の報酬を、 » 安定的に支払い、 » 技能習熟に応じて昇給を行うこと • 外国人建設就労者に対し、雇用契約締結前に、重要事項を書面にて母国語で説明していること • 外国人建設就労者を建設キャリアアップシステムに登録すること　等
その他	• １号特定技能外国人（と外国人建設就労者との合計）の数が、常勤職員の数を超えないこと	• 技能実習生の数が常勤職員の総数を超えないこと※優良な実習実施者・監理団体については免除	• （１号特定技能外国人と）外国人建設就労者（との合計）の数が、常勤職員の数を超えないこと

※技能実習・外国人建設就労者受入事業の新基準については、制度施行日以降に申請される１号技能実習計画・新規の適正監理計画の認定より適用予定

※外国人建設就労者受入事業による外国人の新規の受入れの期限（2020 年度末まで）及び当該事業による外国人の在留期限（2022 年度末まで）については、変更無し

④ 建設キャリアアップシステムとは

1．構築の背景

わが国全体の就業者人口が減少するなかで、担い手の確保は全産業に共通する課題です。建設業において現場を担う技能者、とりわけ若年層の入職をすすめるためには、他産業と比べて生涯を通じて魅力的な職業、産業であることを目に見える形で示していただくことが大切です。

現実には、建設業の年齢別の賃金（いわゆる賃金カーブ）のピーク時期は製造業全体より早く、40 歳前後に到来してきます。このことは、現場での本人の生産性に現れない管理能力や、後進の指導といった経験に裏付けられた能力が適切に評価されていないことの現れと考えられます。

また、建設技能者は異なる事業者の様々な現場で経験を積んでいくため、一人ひとりの技能者の能力が統一的に評価される業界横断的な仕組みが存在せず、スキルアップが処遇の向上につながっていかない構造的な問題があります。

こうした現状を変革するため、2015 年（平成 27 年） 5 月 19 日に開催された建設産業活性化会議において、建設技能労働者の経験が蓄積されるシステムの構築が表明され、これを受けて同年 8 月 6 日、構築に向けた検討の場として官民からなるコンソーシアムが立ち上がりました。

そして 2016 年（平成 28 年） 4 月 19 日には「建設キャリアアップシステムの構築に向けた官民コンソーシアム」となり、一人ひとりの技能者の経験と技能に関する情報を業界統一のルールで蓄積し、適切な評価と処遇の改善、技能の研鑽につなげ、若手入職者に将来のキャリアパスを目に見える形で示していくための基本的なインフラとするべく、「建設キャリアアップシステム」の基本的な考え方をまとめた「基本計画書」が合意されました。これに合わせ「建設キャリアアップシステム開発準備室」が設置され、システムの運用手順やシステムに必要な要件定義についての検討がスタートしました。

その後、2016 年（平成 28 年）12 月 21 日に開催されたコンソーシアムにてシステムの「要件定義書」が合意され、（一財）建設業振興基金がその運営主体となり実現に向けた開発に着手しました。

さらに 2017 年（平成 29 年） 6 月 30 日には「建設キャリアアップシステム運営協議会」が設置され、国土交通省等の関係省庁、振興基金、関係団体によりシステムの運営方針を定めています。

2．システムのポイント

建設キャリアアップシステムでは、一人ひとりの技能者がまちがいなく本人であることを確認したうえでシステムに登録し、ＩＤが付与されたＩＣカードを交付することが最初のスタートになります。ＩＣカードが本人を証明する機能を担うことになります。その上で、いつ、どの現場に、どの職種で、どの立場（職長など）で働いたのか、日々の就業実績として電子的に記録・蓄積されます。同時に、どのような資格を取得し、あるいは講習を受けたかといった技能、研鑽の記録も蓄積されます。こうして蓄積された情報を元に、最終的には、それぞれの技能者の評価が適切に行われ、処遇の改善に結びつけること、さらには人材育成に努め優秀な技能者をかかえる事業者の施工能力が見えるようにすることを目指します。

①技能者情報等の登録

【事業者情報】
・商号
・所在地
・建設業許可情報等

【現場情報】
・現場名
・工事の内容等

【技能者情報】
・本人情報
・保有資格
・社会保険加入状況等

②カードの交付・現場での読取

技能者にカードを交付

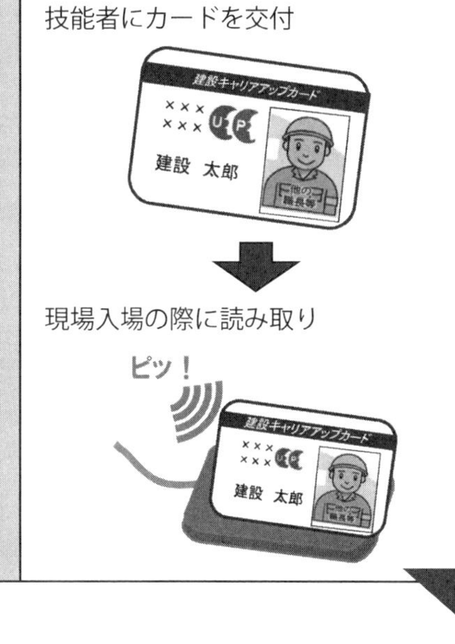

技能者の処遇改善が図られる環境を整備

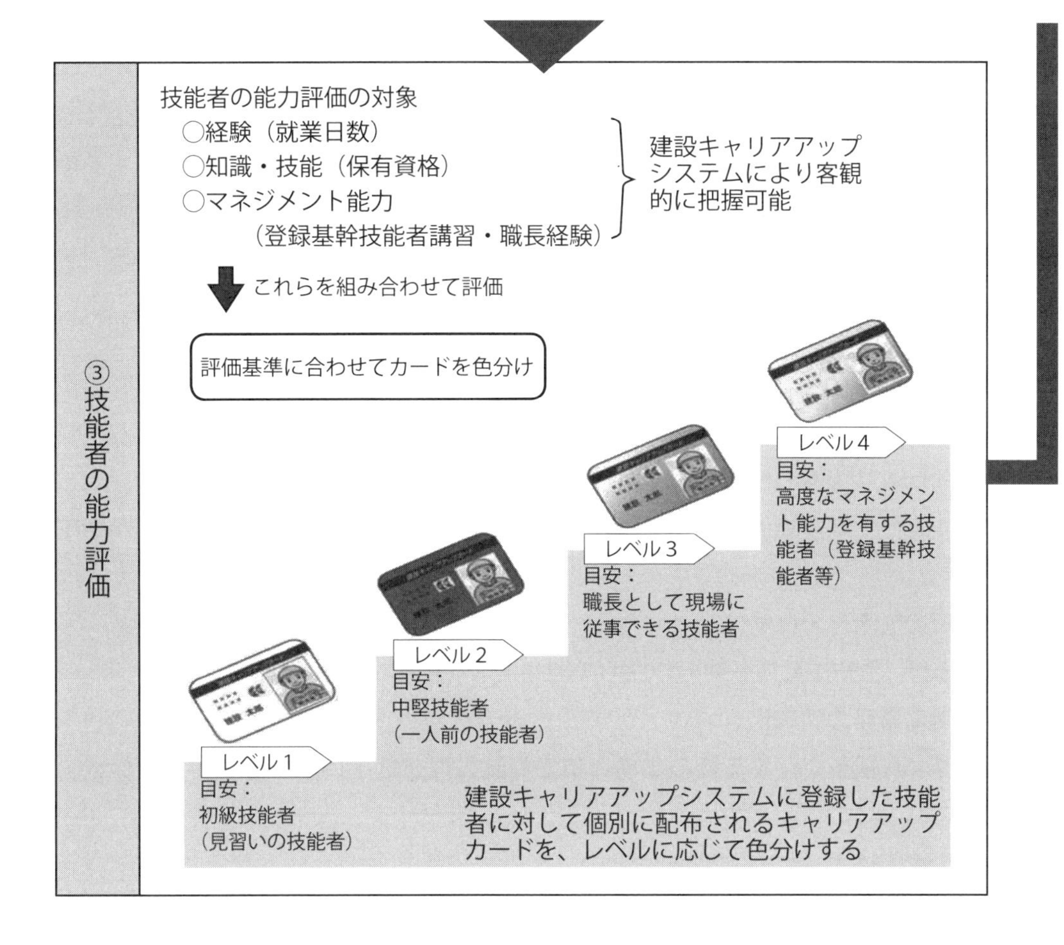

3．期待される機能や効果

建設キャリアアップシステムはインフラです。インフラを活用してその効果を十分に発揮していくためには、行政・業界一体となった取組みが不可欠です。建設キャリアアップシステムでは、一人ひとりの技能者の情報が蓄積されていくことになりますが、こうして蓄積される情報を活用して技能者が能力や経験に応じた処遇を受けられる環境を整備し、将来にわたって建設業の担い手を確保すること、技能者を雇用する事業者の施工能力の見える化を進める枠組みをつくることが、需要な課題になっていくと考えています。

登録状況

○国交省は 2019 年度中 100 万人、5 年後の 2023 年（令和 5 年）には全ての建設技能者約 330 万人の登録を目指しています。

※ 2019 年（令和元年）9 月 30 日現在—技能者ＩＤ数 116,290、事業者ＩＤ数 22,516

技能者の処遇改善

○経験や技能に応じた処遇の実現

・システムに蓄積される就業履歴や保有資格を活用し、技能者をレベル分けする能力評価基準を検討
（レベルに応じてキャリアアップカードを色分け）

・技能者の能力評価と連動した専門工事企業の施行能力等の見える化も進め、良い職人を育て、雇用する専門工事企業が選ばれる環境を整備

現場管理の効率化

○社会保険加入状況等の確認の効率化

・現場に入場する技能者一人ひとりについて、社会保険の加入状況等の確認が効率化

○書類作成の簡素化・合理化

・施工体制台帳や作業員名簿の作成の手間やミスを削減

○建退共関係事務の効率化

・技能者に証紙を交付する際の事務作業が軽減（現在は手作業で必要書面を作成している）

システムの活用（技能者のメリット）

○技能や経験の簡易で客観的な蓄積

・キャリアアップカードをカードリーダーにかざすだけで自動的に蓄積

・どこの現場であっても共通のルールで蓄積

・情報は電子的に蓄積

○建退共証紙の確実な貼付

・システムに蓄積された就業履歴を活用し、建退共手帳への証紙の貼付状況の確認が用意に

○技能や経験の確認や証明の簡易化

・取得した資格やこれまでの経歴を簡易に確認、さらなるスキルアップを促進

・自身の経歴などを簡易に証明

○経験や技能に応じた処遇の実現

・システムに蓄積される情報を活用し、技能者レベルに応じたキャリアアップカードの色分け

※その他、システム利用やカード取得・保有によるメリットについて検討中

4．特定技能外国人やその他の外国人への活用

特定技能外国人をはじめとする外国人材の建設キャリアアップシステムへの登録は、外国人に対しても、日本人と同一の客観的な基準に基づき、技能と経験に応じた賃金支払いを実現しようとするものです。これにより、同時に、外国人材が低賃金で雇用されることを防ぐことができ、建設技能者全体の処遇に悪影響を与えないことにもつながります。

また、本システムへの登録等を通じて同一技能同一賃金の原則を制度として担保することにより、外国人材からも納得感が得られ、不当な処遇を理由とした失踪の抑制にもつながるものと考えます。

さらに、本システムにより、工事現場毎に、外国人の在留資格、保有資格、社会保険加入状況の確認を行うことができることから、在留資格を有さない外国人材による不法就労の防止等の効果も得られます。

（参考）特定技能外国人の建設現場への受入に関する方針

2019年4月18日
一般社団法人日本建設業連合会
2019年6月28日改正

日建連会員企業は、特定技能外国人の建設分野における受入れに当たり、「特定技能外国人安全安心受入宣言」に基づき特定技能外国人が安全かつ安心して労働できる環境を確保するため、建設現場において、以下の取組を行う。

取組は、受入企業及び協力会社・専門工事業者の協力の下に行うものとし、会員企業と直接の契約関係にある者に限らず、会員企業が請け負った建設工事に従事する全ての受入企業を対象とする。

【現場入場に際しての建設キャリアアップシステムの活用等による在留資格の確認】

1．会員企業は、特定技能外国人の入場が予定される建設現場については、原則として建設キャリアアップシステム（以下「CCUS」という）の現場登録を行う。

また、会員企業の建設現場に入場する特定技能外国人の受入企業（以下「受入下請企業」という）について、1次下請企業から現場入場の申請を受けた際には、国土交通大臣告示の受入機関として建設特定技能受入計画が認定済みであることを現場入場届出書（添付書類）で確認するとともに、CCUSに事業者登録済みであることを確認する（※）。

（※）国土交通省より公表される元請建設業者が行う下請指導ガイドラインに記載される予定

（留意事項）

○日建連の「建設キャリアアップシステムの普及・推進に関する推進方策ロードマップ」を踏まえると、

CCUSの運用開始後一定期間は、登録されない現場も存在する。例えば、小規模工事の現場や特定技能外国人の入場先の現場が急に変更された場合等、現場登録に対応できないケースが想定される。こうした理由により、現場登録がなされない場合は、再下請負通知書や建設現場入場届出書等により特定技能外国人の受入状況を確認する。

2．会員企業は、現場に新規入場する特定技能外国人につき、受入下請企業が在留資格に係るCCUS登録情報に変更等がないことを一定期間以内にチェックをしていることを確認するものとする。ただし、当該特定技能外国人の技能者登録の内容を代行申請した場合は、代行申請を行った登録事業者が一定期間以内にチェックをしていることを確認することをもって代えることができるものとする。

会員企業は、受入企業に在留カードのチェックをICデータ読取により確認させることを義務付ける等偽造対策を徹底することを要請する。

（留意事項）

○受入下請企業に対して在留カードのICデータ読取には、出入国在留管理庁HPに紹介されている「在留カード等のICチップの情報を読み出す」方法による確認を推奨する。（添付資料参照）
（URL:http://www.immi-moj.go.jp/newimmiact_1/pdf/zairyu_syomei_mikata.pdf）

（取組例）

○特定技能外国人の新規入場に当たり、受入下請企業において1年以内（在留資格が短期の者については3か月以内）に当該特定技能外国人の在留資格に係るＣＣＵＳの登録内容が適正であるか否かのチェックを行ったことを1次下請企業等を介して確認する。

○協力会社組織や、災害防止協議会等を通じて、受入企業に対して、CCUSの登録内容に変更等のないことを1年に1回（在留資格が短期の者については3か月に1回）チェックするよう要請する。

○新規入場者教育の際の記入用紙に、在留カードの定期的な確認及び登録内容の変更の都度更新することを約する記述を追加する。

3．会員企業は、特定技能外国人を建設現場に入場させる際には、一次下請企業を介する等して、受入下請企業に対して、CCUSの活用等による特定技能外国人の本人確認の徹底と特定技能外国人の現場におけるCCUSカードの常時携行及び求めに応じた提示を指導する。

（取組例）

○一次下請企業を通じて受入企業に通門・朝礼時にCCUSカードの携行を確認させる。

○CCUSカードへの登録が確認できない特定技能外国人の現場入場を認めない。

【現場の安全確保の徹底】

4．会員企業は、協力会社組織等を通じて、請負契約を締結する可能性のある受入企業に対して、日頃から特定技能外国人に対する適切な日本語教育及び安全教育を実施するよう要請する。

（取組例）

○要請文を交付する。

○日本語教室や公益財団法人国際研修協力機構（JITCO）、富士教育訓練センター等の案内を配布する。

5．会員企業は、受入下請企業に対し、特定技能外国人へ安全・衛生に係る指示・注意を行う際に、外国人技能者が理解できているか確認を行うことを求めるものとする。この場合、重要なものについては、必要に応じて母国語等日本語以外の言語での指示・注意ができる体制構築を徹底することを要請する。

（取組例）

○指導員等の適切な配置を要請する。

○安全衛生に関する指示・注意等伝達に関する必要な体制が確認できない等の場合は、現場入場を認めない等の措置を講じる。

○音声翻訳の端末・アプリケーションの活用を推奨する。

○よく使う指示をまとめた二か国語のパンフレットを活用する。

6．会員企業は、特定技能外国人が入場する建設現場の看板については、外国人にも理解しやすいデザインの採用に努める。また、特定技能外国人が入場する建設現場の看板のうち安全衛生に係るものには、必要に応じて日本語と適切な言語の併記や絵図の活用に努める。

（留意事項）

○看板、サインについては、建設業労働災害防止協会（建災防）において2019年6月に公表された「建災防統一安全標識」（p 106参照）を推奨する。

（取組例）

○主要言語による定型的看板・サインを作成する。

【安心して働ける労働環境の確保】

7．会員企業は、受入下請企業に対し、特定技能外国人の適切な社会保険（雇用保険・健康保険・厚生年金）への加入を徹底させるとともに、現場への就労に当たっては、CCUSの活用等により、特定技能外国人が新規入場する際に適切な社会保険に加入していることを確認するものとする。未加入者については入場を認めないとともに、受入下請企業に対して当該特定技能外国人の保険加入を指導する。

（留意事項）

○日本人と同様の社会保険加入チェックを行う。

○社会保険加入チェックはCCUSにて行うことを原則とする。

（取組例）

○特定技能外国人の新規入場に当たり、受入下請企業において1年以内に当該特定技能外国人のCCUSの社会保険加入状況に関する登録内容が適正であるか否かのチェックを行ったことを1次下請企業等を介して確認する。

○CCUSの現場登録が間に合わない場合（外国人建設技能者の入場先の現場が急に変更された場合や小規模工事に入場する場合等）には、従来通り、就労者名簿等により社会保険加入チェックを行う。

8．会員企業は、受入下請企業に対し、特定技能外国人の賃金等の処遇が同等技能を有する日本人と同等以上となることを徹底するよう要請するとともに、特定技能外国人が新規入場する際に、当該特定技能外国人の賃金等の処遇が同等技能を有する日本人と同等以上であることを受入下請企業に確認する。

（留意事項）

○「同等以上」の具体的判断については、受入計画が遵守されているかが基準となる。なお受入計画の遵守状況の確認は適正就労監理機関である一般財団法人国際建設技能振興機構（以下「FITS」という）の巡回指導時等に行われるものである。（具体的判断は、第三者に委ねるものとする。）

（取組例）

○「特定技能外国人の処遇は日本人と同等以上である」旨のチェック項目を設けた契約書類、再下請通知書提出時又は現場入場届出書提出時の提出書類を一次下請企業を介して、受入下請企業からの提出を受け、「日本人と同等以上である」ことを確認する。

○受入下請企業等に対し、特定技能外国人の賃金等の処遇が同等技能を有する日本人と同等以上となることを徹底する旨の要請文を交付する。

9．会員企業は、特定技能外国人が入場している（就労している）現場において特定技能外国人から相談を受けた場合には、必要に応じて FITS の相談窓口を紹介する。

（留意事項）

○受入下請企業の就労環境の確保に関する苦情相談を受けた場合には、FITS に内容を伝達する（又は、FITS の母国語相談窓口を教示する）。それ以降は、FITS の相談窓口で取り扱う。

10. 会員企業は、FITS の巡回指導等で重大な改善指導事項があった受入下請企業（新たに受入下請企業となる予定のものも含む。）については、改善がなされるまで必要な措置を講じる。

（留意事項）

○一般社団法人建設技能人材機構から重大な改善指導事項がある受入企業についての情報提供があった場合は、同機構の指示に従い、是正のための必要な措置を講じる。

（取組例）

○１次下請企業に対し、改善指導事項についての情報を水平展開し、再発の防止に努める。

11. 会員企業は、法令、業界共通行動規範及び本指針等のルールを遵守している受入下請企業に対しては、正当な理由がある場合を除き、特定技能外国人の現場入場を妨げない。

（留意事項）

○「正当な理由の」例

・面接等による日本語能力の確認において、重要な安全に関する指示を理解できないと判断される場合

・作業所内のルールや安全ルールが守れない場合

12. 会員企業は、建設現場において、外国人であることを理由とした不当な取り扱い（暴力･暴言、ハラスメント等）を防止するための啓発活動等に取り組む。

（取組例）

○職長教育等のメニューに啓発プログラムを追加する。

○パンフレットを作成し配布する。

【ルールの遵守】

13. 会員企業は、出入国管理法その他の法令、国土交通省のガイドライン、日建連も参画して策定した「特定技能外国人の適切かつ円滑な受入れの実現に向けた建設業界共通行動規範」等を遵守し、違反状態を発見した場合は、関係機関への通報等その他必要な措置を講じる。

（取組例）

○会員企業において、違反状態があった場合の通報窓口を設置する。

【その他】

14. 留意事項及び取組例については、会員の取組状況等を踏まえて、充実を図る。

Ⅳ

現場における受入れ

① 建設現場での受入れ

復興事業の更なる加速を図りつつ、2020年オリンピック・パラリンピック東京大会の関連施設整備等による一時的な建設需要の増大に対応するため、2020年度までの緊急かつ時限的な措置として、国内での人材確保に最大限努めることを基本とした上で、即戦力となり得る外国人材の受入れを行う外国人建設就労者受入事業の適正かつ円滑な実施を図ることを目的とした「外国人建設就労者受入事業に関する告示」(平成26年国土交通省告示第822号)が定められました。

外国人建設就労者受入事業においては、技能実習制度自体に適正化が求められていることを踏まえ、技能実習制度を上回る新たな特別の監理体制が構築され、行政、外国人建設就労者の受入れを行う特定監理団体、受入建設企業および元請け企業が一体となって適正な監理に取り組んでいくことが必要とされました。

② 再下請負通知書等への記載

施工体制台帳の作成および備付けが義務付けられる建設工事において、再下請負がなされる場合には、下請負人から特定建設業者に対して「再下請負通知書（p 111 参照)」が提出されます。建設現場における外国人建設就労者等の受入状況を把握することを通じて、適正な施工体制の確保に資するため、施工体制台帳および「再下請負通知書」の記載事項に外国人技能実習生または外国人建設就労者の従事の状況を追加すること等を内容とする建設業法施行規則の改正が 2014 年（平成 26 年）に実施されました。この改正により、特定建設業者においては、「再下請負通知書」を活用して下請負人の外国人建設労務者の従事の状況を確認することが可能となりました。

施工体制台帳の作成等が義務付けられない民間工事であっても、元請企業は適宜の方法によって、建設工事の施工に係る受入建設企業の外国人建設就労者の受入状況についても把握し、必要な報告徴求および指導を行うことが望ましいとされました。

③ 建設現場入場にあたって

元請企業には工事の施工に関して多くの責任が課されています。協力会社が受け入れた外国人技能実習生や外国人建設就労者についても、現場に入場し、何か問題が起きれば元請企業にも何らかの影響がおよび、工事にも支障を来たす可能性があります。

したがって、元請企業は、協力会社が受け入れた外国人技能実習生や外国人建設就労者の現場入場について、事前に審査を行ったうえで許可する等、会社としてのルールを整備しておく必要があります。

1．外国人技能実習生の場合

外国人技能実習生を現場に入場させようとする協力会社（実習実施機関）は、事前に「外国人技能実習生建設現場入場許可申請書（p 115 参照)」を元請企業に提出する必要があります。

申請書には、協力会社（実習実施者）の概要、入場申請に係る技能実習生に関する事項、建設工事現場における技能実習作業に関する事項および監理団体の概要等を記載します。また、申請書の記載内容を証明する書類等（チェックリスト「入場時提出書類一覧」p 113 参照）も同時に提出する必要があります。

元請企業（店社）では、協力会社から提出された申請書および添付書類の内容を確認・審査すると同時に、現場の状況等から受入れの可否を判断します。また、場合によっては、発注者の了解を得ておくことも必要となります。

元請企業（店社）として確認・審査すべき主なポイントは以下のとおりです。

①外国人技能実習生の受入れが合法的なものか

②受入企業の技能実習指導員が常駐する等体制が整っているか

③外国人技能実習生の日本語能力が現場での安全確保に充分であるか

④外国人技能実習生の災害補償について、外国人技能実習生総合保険等に加入しているか

また、実際に実習生が現場に入場する際には、現場においても、在留カードによる本人確認、在留期間、在留資格等のチェックを行うとともに、日本度の理解度（最低限の安全指示や安全看板の理解度）を確認しておくことも重要です。

2．外国人建設就労者の場合（p 63 参照）

外国人建設就労者を現場に入場させようとする協力会社（受入建設企業）は、事前に「外国人建設就労者建設現場入場届出書（p 112 参照）」を元請企業に提出する必要があります。

届出書には、建設工事に関する事項、建設現場への入場を届け出る外国人建設就労者に関する事項、協力会社（受入建設企業）・適正監理計画に関する事項等を記載します。また、届出書の記載内容を証明する書類等（チェックリスト「入場時提出書類一覧」（p 113 参照）も同時に提出する必要があります。

元請企業は、協力会社から届出書による報告があった場合、その記載内容と実際の受入状況の整合性に加え、以下の①から③の事項について確認します。あわせて、届出書の記載内容に変更がある場合、協力会社から変更の届出を行うよう指導することも必要です。

① 就労させる場所

届出書の「建設工事に関する事項」のうち「施工場所」が、「受入建設企業・適正監理計画に関する事項」の「就労場所」の範囲内か否か。

② 従事させる業務の内容

届出書の「建設現場への入場を届け出る外国人建設就労者に関する事項」のうち「従事させる業務」が、「受入建設企業・適正監理計画に関する事項」の「従事させる業務の内容」と同一であるか否か。

③ 従事させる期間

届出書の「建設現場への入場を届け出る外国人建設就労者に関する事項」のうち「現場入場の期間」が、「受入建設企業・適正監理計画に関する事項」の「従事させる期間（計画期間）」の範囲内であるか否か。

また、実際に外国人建設就労者の現場入場に際しては、現場において、在留カードによる本人確認、在留期間、在留資格等のチェックや日本語の理解度（最低限の安全指示や安全看板の理解度）を確認しておくことは、外国人技能実習生の場合と同じく重要です。

さらに、外国人建設就労者受入事業の適正かつ円滑な実施を図ることを目的とした「外国人建設就労者受入事業に関する下請指導ガイドライン」において、元請企業は、適正な手順を踏まえて協力会社が雇用する外国人建設就労者について、新たな役割および責任が生じること等を理由として、その現場入場を不当に妨げてはならないこととされています。

④ 現場での実務研修（技能実習生）

❸の手続きを経て現場に入場した外国人技能実習生の実務研修にあたり、元請企業として特に留意すべき点は以下のとおりです。

①安全衛生

新規入場者教育において安全衛生、現場でのルールについて念入りに教育を行います。

②技能実習指導員による指導

入場後は、協力会社と技能実習指導員を現場に常駐させ、指導に当たらせるよう徹底します。

③外国人技能実習生の災害補償と社会保険等

労災保険の適用を受けます。また、公的保険を補完する民間傷害保険等に加入することも、保護に資するものであり、「外国人技能実習生総合保険」の加入が一般的です。

④労働関係法令等の適用

労働に係る諸法令が適用されますので、遵守するよう指導する必要があります。

⑤その他

入場後であっても、現場の安全確保等に支障を来たすようであれば、協力会社にその旨を伝え、適切な措置を取ることが必要です。

⑤ 現場での工夫（好事例）

外国人技能実習生や外国人建設就労者を受け入れる現場では、外国人に配慮した職場環境の整備が必要となります。

1．安全衛生面の管理

外国人が就労する現場では安全衛生に関する教育を念入りに行うほか、労働災害防止のための日本語教育の実施、標識や掲示の工夫に務める必要があります。

①現場内における労働災害防止に関する標識、掲示等については、外国人がその内容を理解できる方法により行う必要がありますので、母国語での表記を徹底します。

②外国人の労働災害を防止するため、日本人が突発的に呼びかけようとする場合、当該外国人の母国語を用いるのは大変難しいため、外国人には「危ない」「触るな」「よけろ」等のキーワードは、日本語で理解してもらえるように教育を徹底します。

③新規入場者教育では、母国語で作成した教育資料を日本語で説明するビデオを視聴しながら確認させることで、教育内容を確実に理解させるとともに、日本語の理解度向上も図ります。

2．母国の風習等への理解と対応

外国人の母国には、日本と異なる様々な風習があります。その風習を理解して、可能な範囲で柔軟な対応を心がけることで、仕事へのモチベーションを高めることが期待できます。

例えば、日本では、盆や正月に長期休暇を取得するのが一般的ですが、外国人にとっては必ずしもその時期の長期休暇は有用ではありません。外国人が母国の風習に合わせた休暇を取得できるような工夫も必要です。

3．気軽に相談できる職場環境の整備

異国の地で就労する外国人は、職場では日本人と同等以上にストレスを感じ、様々な悩み事などが生じがちです。外国人を現場に入場させようとする協力会社は、外国

人に安心して働いてもらうために、気軽に悩み事などを相談できる職場環境を整備することが必要です。

例えば、同国出身者であって、母国語で相談できる先輩社員をサポート役として配置したり、母国語によるメール相談窓口を設けるなど、積極的なフォローアップを心がける工夫が有効です。

■現場での掲示・標識例

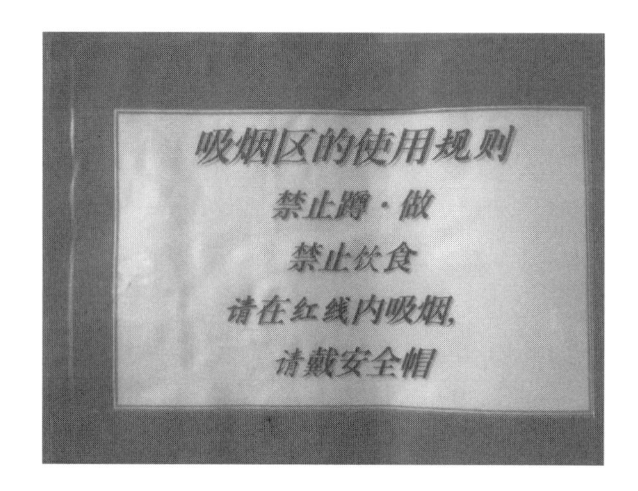

喫煙所使用ルール掲示（中国語表記）

立入禁止標識（英語・ベトナム語併記）

「あぶない」「はなれろ」「にげろ」
といった緊急自体に対応する用語は
日本語の発音と意味を理解させよう
（p 106 建災防看板参照）

（参考）「安全に働くための基本」建設業（英語、ポルトガル語版）

1

■服装の乱れはけがのもと。ボタンをかけて、袖口を締めよ。
■Fukusō no midare wa kega no moto.Botan o kakete,sodeguchi o shimeyo.
■Loose clothes can cause an injury; fasten every button and cuff.
■Roupa vestida com desleixo é causa de acidente. Abotoe completamente a roupa; feche bem os punhos das mangas.

2

■危険・有害物から身を守れ。決められた保護具を着用せよ。
■Kiken, yūgaibutsu kara mi o mamore. Kimerareta hogogu o chakuyō seyo.
■Keep yourself from danger and hazardous substance; put on personal protective equipment as instructed.
■Proteja-se contra substâncias nocivas e perigosas. Utilize equipamentos de proteção especificados.

3

■スポーツと同様に職場にもルールがある。ルールを守って作業せよ。

■Supōtsu to dōyō ni shokuba nimo rūru ga aru. Rūru o mamotte sagyō seyo.

■There are rules in a working place as in sports; observe them for your safety.

■Assim como no esporte, também existem regras nas fábricas. Trabalhe seguindo-as corretamente.

4

■共同作業のチグハグは仲間も危険。作業前の打合せどおりに作業せよ。

■Kyōdō sagyō no chiguhagu wa nakama mo kiken. Sagyōmae no uchiawase dōri ni sagyō seyo.

■An odd collaboration also endangers your fellow workers; do as agreed before starting the operation.

■Uma tarefa conjunta executada desordenadamente representa perigo não somente para você, como também para seus colegas. Siga os passos combinados em comum acordo na reunião, antes do início do trabalho.

5

■自分だけは大丈夫だと思うな。決められた方法で安全確認せよ。

■Jibun dake wa daijōbu dato omouna. Kimerareta hōhō de anzen kakunin seyo.

■ "Not me. It's O.K." is a false belief; follow the safety procedure.

■Nunca pense:Comigo isto não acontecerá. confirme os pontos de segurança conforme especificada.

6

■いつもの場所にないと使えない。使った物は元の位置にもどせ。

■Itsumono basho ni nai to tsukaenai. Tsukatta mono wa moto no ichi ni modose.

■Things shall be reached at their designated places; put them back where they were after use.

■Não se pode utilizar uma ferramenta que não se encontra no lugar determinado. Devolva as ferramentas que usou no local determinada.

7

■理解せずに作業すると危険。ミーティングでは理解するまで質問せよ。

■Rikai sezuni sagyō suruto kiken. Mītingu dewa rikai surumade shitsumon seyo.

■Dim understanding of your task is a danger; raise questions at the meeting you can acquire a full knowledge of it.

■É perigoso efetuar um trabalho sem compreendê-lo. Durante a reunião, faça perguntas até entender inteiramanta a tarefa.

8

■勝手な判断は、危険を招く。指示事項以外は上司に相談せよ。

■Kattena handan wa kiken o maneku. Shiji jikō igai wa jōshi ni sōdan seyo.

■Arbitrary judgment and interpretations invite danger; consult your superior in case beyond given instructions.

■Avaliação por conta própria conduz a riscos. Consulte seu superior sobre questões não indicadas nas instruções dadas.

9

■危険な状態をなくしていこう。危険な目にあったら上司に報告せよ。

■Kiken na jōtai o nakushite ikō. Kiken na me ni attara jōshi ni hōkoku seyo.

■We shall eliminate unsafe conditions; report any hazardous experience to your superior.

■Elimine situações de perigo tão logo as identifique. Comunique ao seu superior caso enfrente situações de perigo.

10

■日々健康づくりに心がけよ。体調が悪いときは上司に報告せよ。

■Hibi kenkōzukuri ni kokorogakeyo. Taichō ga warui toki wa jōshi ni Hōkoku seyo.

■Take daily care of your health; report to your superior when feeling ill.

■Cuide bem de sua saúde na vida cotidiana. Comunique ao seu superior quando não estiver se sentindo bem.

（出典）東京労働局ホームページ

（ベトナム語）

Phòng chống cảm nắng tại nơi làm việc!

(「熱中症」: Necchusho = Cảm nắng)

Người quản lý kiểm tra thể trạng của nhân viên trước và trong khi làm việc

Năm 2018, trong phạm vi quản lý của Cục lao động Tokyo, đã có 91 trường hợp tai nạn lao động do cảm nắng gây ra khiến người lao động phải nghỉ làm trên 4 ngày, trong số đó có 4 trường hợp tử vong. Số tai nạn gia tăng đáng kể so với năm trước là do nắng nóng kỷ lục.

Ngành xây dựng chiếm khoảng 23% các tai nạn do cảm nắng dẫn đến việc nghỉ làm trên 4 ngày. Ngoài ngành xây dựng, những tai nạn này cũng xảy ra trong nhiều ngành nghề khác như ngành an ninh và vận tải đường bộ vv..

Để không bị cảm nắng thì cần phải có kiến thức chính xác về các biện pháp phòng chống và sơ cứu.

■ Một số ví dụ về các trường hợp cảm nắng phát sinh trong năm 2018 (Tokyo)

Tháng, giờ phát sinh	Ngành nghề	Tình trạng	Nhiệt độ khi đó (nhiệt độ cao nhất trong ngày)	Số ngày nghỉ làm
Tháng 7 vào lúc 11 giờ	Dịch vụ vệ sinh	Khi người lao động đang thực hiện công việc cắt tỉa hoa tử đằng theo quy trình bảo dưỡng cảnh quan công viên thì tình trạng cơ thể xấu đi. Mặc dù đã được làm mát cơ thể bằng đá nhưng không đỡ nên đã được chở đến bệnh viện cấp cứu.	28.8°C (30.8°C)	12 ngày
Tháng 7 vào lúc 12 giờ	An ninh	Trong lúc người lao động nghỉ giải lao sau khi thực hiện công tác canh chừng tàu điện để thi công lắp đặt điện cho đường ray tàu thì tình trạng cơ thể xấu đi và đã tử vong tại bệnh viện sau khi được sơ cứu.	33.2°C (33.8°C)	Tử vong
Tháng 7 vào lúc 14 giờ	Vận tải đường bộ	Trong quá trình thu gom và giao hàng, cơ thể người lao động bị tê liệt và không thể lái xe được nên đã được chở đi cấp cứu tại bệnh viện.	31.8°C (31.8°C)	4 ngày
Tháng 8 vào lúc 15 giờ	Công trường xây dựng	Trong quá trình thực hiện lắp ráp cốt thép dưới trời nắng nóng tại công trường xây dựng, người lao động xuất hiện các triệu chứng như đổ rất nhiều mồ hôi và tê liệt tay chân vv.. nên đã được đưa đi bệnh viện cấp cứu.	34.1°C (36.5°C)	4 ngày

Cảm nắng là gì

Cảm nắng là rối loạn xảy ra khi các chức năng điều tiết trong cơ thể bị phá vỡ do lượng nước và lượng muối trong cơ thể mất cân bằng trong điều kiện thời tiết nóng ẩm. Tùy theo triệu chứng mà cảm nắng được phân loại thành các cấp độ như sau. Nếu thấy các triệu chứng này có thể bạn đã bị cảm nắng.

Độ	Triệu chứng	Mức độ
Độ Ⅰ	**Chóng mặt, ngất xỉu** Cảm giác choáng váng khi đột ngột đứng dậy. Còn gọi là ngất xỉu vì trời nóng. **Đau cơ, cứng cơ** Chuột rút. Còn gọi là co giật vì trời nóng. **Đổ nhiều mồ hôi**	Nhẹ
Độ Ⅱ	**Nhức đầu, khó chịu, buồn nôn, nôn, mệt mỏi, chán nản** Cơ thể mệt mỏi, yếu sức. Là trạng thái mệt mỏi, kiệt sức do nắng nóng.	↓
Độ Ⅲ	**Rối loạn ý thức, co giật , tay chân cử động không bình thường** Có phản ứng lạ khi được gọi tên hoặc bị kích thích, run lẩy bẩy, không thể đi thẳng vv... **Thân nhiệt cao** Khi sờ vào cơ thể có cảm giác nóng.	Nguy hiểm

Safe work TOKYO 東京労働局労働基準部健康課 http://tokyo-roudoukyoku.jsite.mhlw.go.jp
建設業労働災害防止協会東京支部

Để phòng tránh cảm nắng

Thực hiện các biện pháp sau đây để phòng tránh cảm nắng khi làm việc ngoài trời trong điều kiện nắng nóng và độ ẩm cao.

1 Quản lý môi trường làm việc

□ Lắp đặt thiết bị (ví dụ máy lạnh di động vv..) để cải thiện che nắng và thông gió, tưới, rải nước một cách thích hợp trong quá trình làm việc. (Cẩn thận khi rải nước ở những nơi khó thông gió vì sẽ làm độ ẩm tăng lên)
□ Chuẩn bị đồ dùng để bổ sung lượng nước và muối, cũng như nước đá, đá khô, khăn ướt để làm mát cơ thể. Kiểm tra xem người lao động có uống hay sử dụng những vật này không.
□ Cung cấp chỗ nghỉ ngơi có gắn máy lạnh hoặc chỗ mát mẻ có bóng râm gần nơi làm việc.
□ Đo chỉ số WBGT bằng máy đo chỉ số nhiệt đáp ứng tiêu chuẩn JIS B7922 để theo dõi sự thay đổi nhiệt độ trong môi trường làm việc.

WBGT là một giá trị tổng hợp, ngoài nhiệt độ không khí còn xem xét tới độ ẩm, tốc độ gió và nhiệt bức xạ, được biểu thị bằng "°C" như nhiệt độ không khí
Khi đánh giá rủi ro của môi trường nhiệt, việc sử dụng WBGT được cho là một phương tiện hiệu quả vì nó kết hợp tất các yếu tố liên quan đến nhiệt cơ bản.

2 Quản lý công việc

□ Đảm bảo thời gian tạm ngưng làm việc, thời gian nghỉ giải lao. Rút ngắn thời gian làm việc liên tục ở nơi có nhiệt độ và độ ẩm cao.
□ Dành một khoảng thời gian cụ thể để người lao động thích nghi dần với sức nóng.
□ Mặc quần áo làm việc ngừa ẩm và thoáng khí, đội mũ thoáng khí.

3 Quản lý sức khoẻ

□ Nắm được tình trạng sức khoẻ người lao động trước khi họ làm việc bằng cách xem xét kết quả khám sức khoẻ. Ngoài ra cần chú ý các bệnh có nguy cơ dẫn đến phát sinh cảm nắng như tiểu đường, huyết áp cao, bệnh tim, suy thận vv...
□ Xác nhận tình hình sức khoẻ của người lao động bằng cách kiểm tra thể trạng của họ trước khi bắt đầu công việc, đồng thời thường xuyên tuần tra trong khi họ làm việc.
□ Kiểm tra xem người lao động đã ăn sáng chưa và lượng rượu họ đã uống vào ngày hôm trước.

4 Giáo dục an toàn sức khỏe lao động

□ Khi người lao động làm việc ở nơi có nhiệt độ và độ ẩm cao, cần tiến hành tuyên truyền giáo dục an toàn sức khoẻ lao động cho người quản lý lao động và người lao động về : 1) các triệu chứng cảm nắng, 2) phương pháp phòng tránh cảm nắng, 3) sơ cứu trong trường hợp khẩn cấp, 4) các ví dụ về cảm nắng.

Biện pháp sơ cứu ~ Không để người bệnh một mình cho đến khi chở tới bệnh viện ~

Khi phát hiện ra những dấu hiệu bất thường, ngoài việc cần thực hiện sơ cứu như dưới đây, trong trường hợp cần thiết như người bệnh bị rối loạn ý thức (phản xạ bất thường), không thể tự bổ sung nước, hãy chở người bệnh tới cơ sở y tế ngay lập tức.

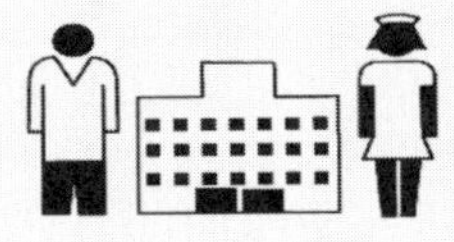

◆ Di chuyển bệnh nhân đến nơi có bóng mát hoặc phòng có máy lạnh.
◆ Bổ sung nước và muối cho bệnh nhân.
◆ Nới lỏng (hoặc nếu cần thiết thì cởi) quần áo để giúp cơ thể tản nhiệt.
◆ Làm mát phần cổ, dưới nách, háng bằng quạt và đá chườm.

（出典）東京労働局ホームページ

ベトナム語版

Dành cho thực tập sinh kỹ năng
技能実習生向け

Bước đầu tiên để thực tập sinh kỹ năng thực hiện các công việc xây dựng an toàn

技能実習生が建設作業を安全に行うための第一歩

安全✚第一

Tháng 3 năm 2015
2015年3月

Japan International Training Cooperation Organization(JITCO)

Chương 15 Thông hiểu các hoạt động an toàn trong ngày ở hiện trường xây dựng và tích cực tham gia!
第15 建設現場における一日の安全活動を理解し積極的に参加！

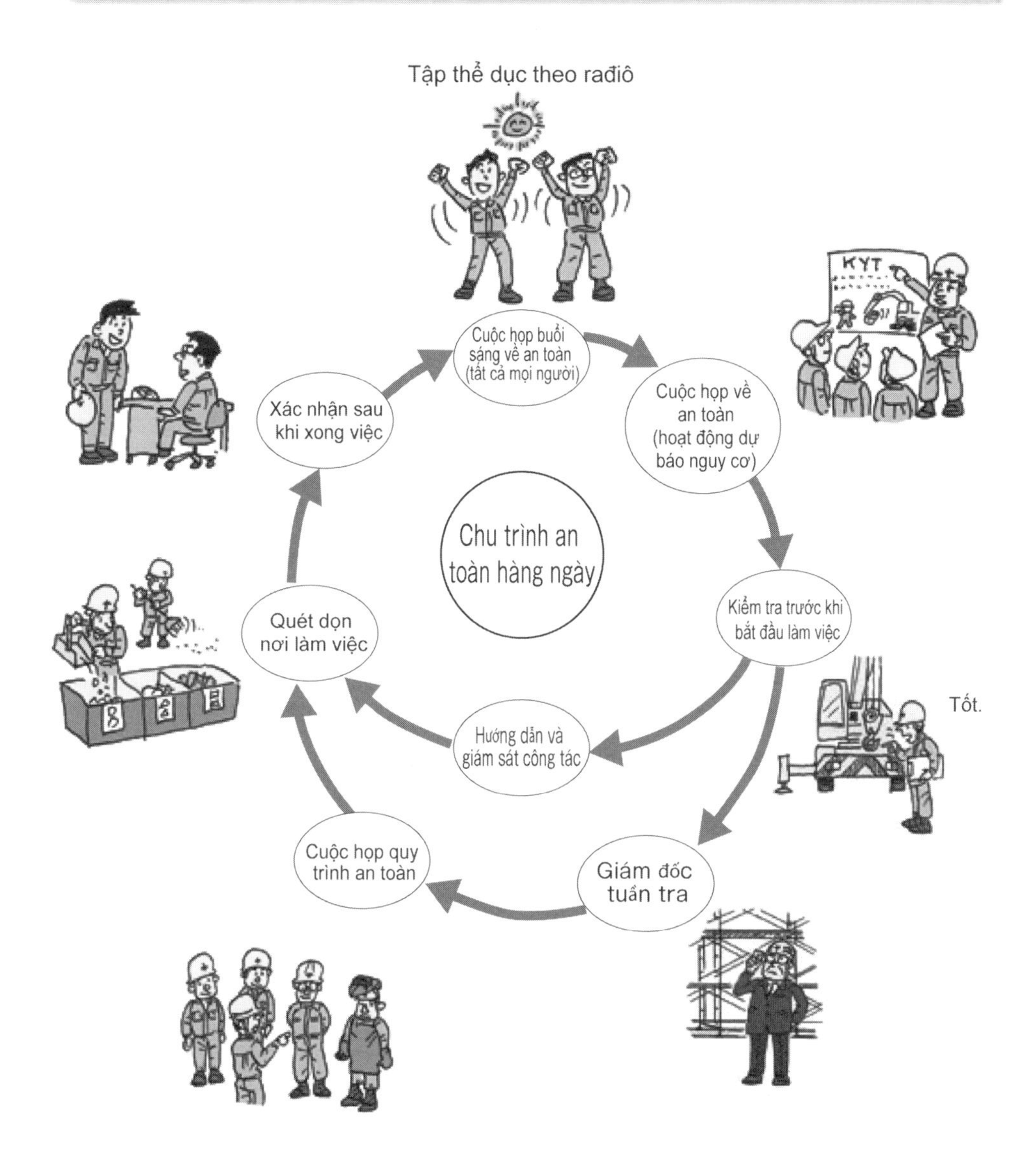

JITCO

Tạo ra vào tháng 3 năm 2015 do ủy thác của Bộ Y tế, Lao động và Phúc lợi

（出典）JITCO ホームページ

（参考）建災防統一安全標識（ユニバーサルデザイン）

立入禁止

禁煙

火気厳禁

駐車禁止

一般禁止

頭上注意

足もと注意

開口部注意

感電注意

墜落注意

路肩注意

酸欠注意

有機溶剤使用中

一般注意

安全帯使用

保護帽着用

一般指示

整理整頓

（参考）建災防統一安全標識の外国語標示例

	日本語	英語	中国語	ベトナム語	インドネシア語	タガログ語
1	立入禁止	Do Not Enter	禁止入内	CẤM VÀO	Dilarang! Masuk	BAWAL PUMASOK
2	禁煙	No Smoking	禁止吸烟	CẤM HÚT THUỐC	Dilarang! Merokok	BAWAL MANIGARILYO
3	火気厳禁	Danger: No Open Flame	严禁烟火	CẤM LỬA	Dilarang! Menggunakan Api	MAPANGANIB: BAWAL ANG APOY
4	駐車禁止	No Parking	禁止停车	CẤM ĐỖ XE	Dilarang! Parkir Disini	BAWAL PUMARADA
5	一般禁止	—	—	—	—	—
6	頭上注意	Watch Your Head	当心头顶	CHÚ Ý TRÊN ĐẦU	Awas! Bagian Atas Kepala	INGATAN ANG ULO!
7	足もと注意	Watch Your Step	注意脚下	CHÚ Ý DƯỚI CHÂN	Awas! Bawah Kaki	INGATAN ANG HAKBANG!
8	開口部注意	Danger: Opening in Floor	当心开口处	CHÚ Ý LỖ MỞ	Awas! Ada Lubang	MAPANGANIB: MAY BUTAS SA SAHIG
9	感電注意	Danger: Electrical Hazard	当心触电	CHÚ Ý ĐIỆN GIẬT	Awas! Bahaya Sengatan Listrik	MAPANGANIB: MAY KURYENTE
10	墜落注意	Danger: Falling Hazard	当心坠落	CHÚ Ý RƠI NGÃ	Awas! Terpeleset Jatuh	MAPANGANIB: MAY MAAARING BUMAGSAK
11	路肩注意	Mind the Shoulder	小心路肩	CHÚ Ý LỀ ĐƯỜNG	Hati hati! Jalur Darurat	MAG-INGAT SA TABING-DAAN
12	酸欠注意	Danger: Risk of Suffocation	当心缺氧	CHÚ Ý THIẾU OXY	Awas! Kekurangan Oksigen	MAPANGANIB: MAAARING KAPUSIN NG HININGA
13	有機溶剤使用中	Organic Solvent in Use	正在使用有机溶剂	ĐANG SỬ DỤNG DUNG MÔI HỮU CƠ	Sedang Menggunakan Larutan Organik!	MAY GINAGAMIT NA ORGANIC SOLVENT
14	一般注意	—	—	—	—	—
15	安全帯使用	Wear Safety Belt	必须系安全带	SỬ DỤNG DÂY AN TOÀN	Gunakan Sabuk Pengaman	MAGSUOT NG SINTURONG PANGKALIGTASAN
16	保護帽着用	Wear Helmet	必须戴安全帽	ĐỘI MŨ BẢO HỘ	Gunakan Topi Pelindung	MAGSUOT NG HELMET
17	一般指示	—	—	—	—	—
18	整理整頓	Keep Tidy	整理整顿	VỆ SINH SẠCH SẼ	Rapikan! Dengan Teratur	PANATILIHING MASINOP
19	最大積載荷重	Maximum Load	最大载荷	TẢI TRỌNG TỐI ĐA	Kapasitas Berat Beban Maximum	PINAKAMABIGAT NA KARGA
20	喫煙所	Smoking Area	吸烟处	NƠI HÚT THUỐC	Tempat Merokok	LUGAR PARA SA PANINIGARILYO
21	担架	Stretcher	担架	CÁNG KHIÊNG	Tandu	STRETCHER
22	安全通路	Safe Passageway	安全通道	LỐI ĐI AN TOÀN	Jalur Keamanan	LIGTAS NA DAANAN
23	昇降階段	Staircase	上下楼梯	CẦU THANG BỘ	Tangga Naik Turun	HAGDANAN
24	休憩所	Break Room	休息区	KHU VỰC NGHỈ NGƠI	Tempat Istirahat	PAHINGAHAN
25	消火器	Fire Extinguisher	灭火器	BÌNH CHỮA CHÁY	Alat Pemadam Kebakaran	PANG-APULA NG APOY
26	警報設備	Alarm System	警报设备	THIẾT BỊ BÁO ĐỘNG	Peralatan Tanda Bahaya (Alarm)	SISTEMANG PANG-ALARMA
27	AED設置場所	Equipped with AED	AED(自动体外除颤器)设置点	NƠI CÓ ĐẶT AED	Tempat Instalasi Peralatan AED	MAY NAKAHANDANG AED

（出典）建設業労働災害防止協会ホームページ

（参考）外国人建設就労者受入事業に関する下請指導ガイドライン

第１　趣旨

復興事業の更なる加速を図りつつ、2020年オリンピック・パラリンピック東京大会の関連施設整備等による一時的な建設需要の増大に対応するため、2020年度までの緊急かつ時限的な措置として、国内での人材確保に最大限努めることを基本とした上で、即戦力となり得る外国人材の活用促進を図ることが平成26年4月4日の「建設分野における外国人材の活用に係る緊急措置を検討する閣僚会議」においてとりまとめられた。

また、この緊急かつ時限的な措置として即戦力となる外国人建設就労者の受入れを行う外国人建設就労者受入事業の適正かつ円滑な実施を図ることを目的として、その具体的な内容を定める「外国人建設就労者受入事業に関する告示」（平成26年国土交通省告示第822号）が今般定められたところである。

この「外国人建設就労者受入事業に関する告示」においては、外国人建設就労者を雇用契約に基づく労働者として受け入れて建設特定活動に従事させる受入建設企業は、「国土交通省が別に定めるところにより、元請企業から報告を求められたときは、誠実にこれに対応するとともに、元請企業の指導に従わなければならない。」とされている（第6の4）。

本ガイドラインは、外国人建設就労者受入事業について、元請企業及び下請企業がそれぞれ負うべき役割と責任を明確にすることにより、外国人建設就労者受入事業の適正かつ円滑な実施を図ることを目的とする。

第２　元請企業の役割と責任

（１）総論

元請企業は、請け負った工事の全般について、下請企業よりも広い責任や権限を持っている。この責任・権限に基づき元請企業が発注者との間で行う請負価格、工期の決定などは、下請企業の経営の健全化にも大きな影響をもたらすものであることから、下請企業の企業体質の改善について、元請企業も相応の役割を分担することが求められる。

このような観点から、元請企業はその請け負った建設工事におけるすべての下請企業に対して、適正な契約の締結、適正な施工体制の確立、雇用・労働条件の改善、福祉の充実等について指導・助言その他の援助を行うことが期待される。

建設業法（昭和24年法律第100号）では、第24条の6において、元請企業の下請企業に対する指導等が規定されているところである。

また、外国人建設就労者についても、関係者を挙げて事業の適正化を進めることが必要であり、元請企業においても受入建設企業に対する指導等の取組を講じる必要がある。

本ガイドラインによる下請指導の対象となる受入建設企業は、元請企業と直接の契約関係にある者に限られず、元請企業が請け負った建設工事に従事するすべての受入建設企業であるが、元請企業がそのすべてに対して自ら直接指導を行うことが求められるものではなく、直接の契約関係にある下請企業に指示し、又は協力させ、元請企業はこれを統括するという方法も可能である。もっとも、直接の契約関係にある下請企業に実施させたところ指導を怠った場合や、直接の契約関係にある下請企業がその規模等にかんがみて明らかに実施困難であると認められる場合には、元請企業が直接指導を行うことが必要である。

元請企業においては、支店や営業所を含めて、その役職員に対する本ガイドラインの周知徹底に努めるものとする。

（2）再下請負通知書を活用した確認・指導等

施工体制台帳の作成及び備付けが義務付けられる建設工事において、再下請負がなされる場合には、下請負人から特定建設業者に対して再下請負通知書が提出される。規則第14条の4の規定の改正により、再下請負通知書の記載事項に外国人技能実習生又は外国人建設就労者の従事の状況に関する事項が追加されたことから、特定建設業者においては、再下請負通知書を活用して下請負人の外国人建設就労者の従事の状況を確認することが可能となった。(別紙1）

また、元請企業は、受入建設企業の管理指導員から外国人建設就労者建設現場入場届出書（別紙2）による報告があった場合、その記載内容と実際の受入状況の整合性に加え、以下の①から③の事項について確認すること（外国人建設就労者の受入れが確認されたにも関わらず、別紙2による報告がない場合は、別紙2による報告を受入建設企業の管理指導員に求めること)。あわせて、別紙2の記載内容に変更がある場合、受入建設企業から元請企業に変更の届出を行うよう指導すること。

①就労させる場所

外国人建設就労者建設現場入場届出書の「1．建設工事に関する事項」のうち「施工場所」が適切な記載となっているかどうか。具体的には、「3．受入建設企業・適正監理計画に関する事項」の「就労場所」の範囲内であるかどうか。

②従事させる業務の内容

外国人建設就労者建設現場入場届出書の「2．建設現場への入場を申請する外国人建設就労者に関する事項」のうち「従事させる業務」が、適切な記載となっているかどうか。具体的には、「3．受入建設企業・適正監理計画に関する事項」の「従事させる業務の内容」と同一であるかどうか。

③従事させる期間

外国人建設就労者建設現場入場届出書の「2．建設現場への入場を申請する外国人建設就労者に関する事項」のうち「現場入場の期間」が、適切な記載となっているかどうか。具体的には、「3．受入建設企業・適正監理計画に関する事項」の「従事させる期間（計画期間）」の範囲内であるかどうか。

外国人建設就労者現場入場届出書の記載内容と実際の受入状況の整合性が確認できない場合、適正監理計画に基づいた外国人建設就労者の受入れが行われるよう、受入建設企業を指導すること。

また、別紙2による報告があった後、その記載内容と実際の受入状況に関して明らかな齟齬が確認された場合は、別紙2により変更の届出を行うよう受入建設企業を指導すること。

受入建設企業が上記報告の求めに応じない場合や指導に従わないような場合には、所属する元請企業団体を通じて適正監理推進協議会への報告を行うこと。

なお、元請企業団体に所属していない元請企業は、直接適正監理推進協議会事務局への報告を行うこと。

また、規則第14条の4の規定の改正を受けた施工体制台帳については、別紙3の作成例を24条の6第1項の規定に基づく指導を行うなど、適正な施工体制の確保に努めること。

なお、元請企業団体は、上記確認・指導の実施の状況及びその結果について集計し、適正監理推進協議会への報告を行うこと。

（3）施工体制台帳の作成を要しない工事における取扱い

下請契約の総額が建設業法施行令（昭和31年政令第273号）で定める金額を下回ることにより施工体制台帳の作成等が義務付けられていない民間工事であっても、建設工事の適正な施工を確保する観点から、元請企業は規則第14条の2から第14条の7までの規定に準拠した施工体制台帳の作成等が勧奨されているところである（「施工体制台帳の作成等について」（平成7年6月20日建設省経建発第147号）参照）。

建設工事の施工に係る受入建設企業の外国人建設就労者の受入状況についても、元請企業は適宜の方法によって把握し、必要な報告徴求及び指導を行うことが望ましい。

（4）外国人建設就労者の現場入場について

元請企業は、適正な手順を踏まえて受入建設企業が雇用する外国人建設就労者について、（1）から（3）に記載の役割及び責任が新たに生じること等を理由として、その現場入場を不当に妨げてはならない。

第3　受入建設企業の役割と責任

事業の円滑な実施・運営にあたっては、外国人建設就労者を雇用する受入建設企業自らが積極的にその責任を果たすことが必要不可欠である。具体的には、規則第14条の4の規定の改正を受けた再下請通知書については、別紙1の作成例を参考とし、適正な施工体制の確保に努めるとともに、外国人建設就労者を雇用し、現場に新規入場させる場合には、別紙２の作成例を参考（既存の様式等別紙２以外の様式を用いる場合であっても別紙２に記載の項目を満たすこと）として、適正監理計画の内容に基づいて現場ごとに外国人建設就労者建設現場入場届出書を作成し、管理指導員を通じて元請企業に提出するほか、別紙２の記載内容の変更がある場合には、元請企業に変更の届出を行うことが必要である。

第４　施行期日等

本ガイドラインは、平成27年４月１日から施行する。

本ガイドラインは、外国人建設就労者受入事業の開始にあたって想定される取組を中心に記載したものであり、今後、外国人建設就労者の受入状況、外国人技能実習制度の見直しの状況等を踏まえて必要があると認めるときは、ガイドラインの見直しなど所要の措置を講ずるものとする。

（別紙1）再下請通知書

年　月　日

再下請負通知書（作成例）

直近上位注文者名 ＿＿＿＿＿＿

【報告下請負業者】

住　所 ＿＿＿＿＿＿

会社名 ＿＿＿＿＿＿

代表者名 ＿＿＿＿＿＿

元請名称	

《自社に関する事項》

工事名称及び工事内容			
工期	自　年　月　日 至　年　月　日	注文者との契約日	年　月　日

建設業の許可	施工に必要な許可業種	許可番号	許可（更新）年月日
	工事業	大臣 特定 知事 一般　第　号	年　月　日
	工事業	大臣 特定 知事 一般　第　号	年　月　日

健康保険等の加入状況				
保険加入の有無	健康保険	厚生年金保険	雇用保険	
	加入　未加入　適用除外	加入　未加入　適用除外	加入　未加入　適用除外	
事業所整理記号等	営業所の名称	健康保険	厚生年金保険	雇用保険

監督員名		安全衛生責任者名	
権限及び意見申出方法		安全衛生推進者名	
現場代理人名		雇用管理責任者名	
権限及び意見申出方法		専門技術者名	
主任技術者名	専任 非専任	資格内容	
資格内容		担当工事内容	

一号特定技能外国人の従事の状況（有無）	有　無	外国人建設就労者の従事の状況（有無）	有　無	外国人技能実習生の従事の状況（有無）	有　無

《再下請負関係》

再下請負業者及び再下請負契約関係について次のとおり報告いたします。

会社名		代表者名	
住所 電話番号			
工事名称及び工事内容			
工期	自　年　月　日 至　年　月　日	契約日	年　月　日

建設業の許可	施工に必要な許可業種	許可番号	許可（更新）年月日
	工事業	大臣 特定 知事 一般　第　号	年　月　日
	工事業	大臣 特定 知事 一般　第　号	年　月　日

健康保険等の加入状況				
保険加入の有無	健康保険	厚生年金保険	雇用保険	
	加入　未加入　適用除外	加入　未加入　適用除外	加入　未加入　適用除外	
事業所整理記号等	営業所の名称	健康保険	厚生年金保険	雇用保険

現場代理人名		安全衛生責任者名	
権限及び意見申出方法		安全衛生推進者名	
主任技術者名	専任 非専任	雇用管理責任者名	
資格内容		専門技術者名	
		資格内容	
		担当工事内容	

一号特定技能外国人の従事の状況（有無）	有　無	外国人建設就労者の従事の状況（有無）	有　無	外国人技能実習生の従事の状況（有無）	有　無

※再下請通知書の添付書類（建設業法施行規則第14条の4第3項）

・再下請通知人が再下請人と締結した当初契約及び変更契約の契約書面の写し（公共工事以外の建設工事について締結されるものに係るものは、請負代金の額に係る部分を除く）

（別紙2）外国人建設就労者建設現場入場届出書

外国人建設就労者現場入場届出書

工事事務所長　殿

令和　　年　　月　　日

（受入建設企業の名称）
（責任者の職・氏名）

外国人建設就労者の建設現場について下記のとおり届出ます。

記

1　建設工事に関する事項

建設工事の名称	
施工場所	

2　建設現場への入場を届け出る外国人建設就労者に関する事項

※　4名以上の入場を申請する場合、必要に応じて欄の追加や別紙とする等対応すること。

	外国人建設就労者　1	外国人建設就労者　2	外国人建設就労者　3
氏名			
生年月日			
性別			
国籍			
従事させる業務			
現場入場の期間			
在留期間満了日			

3　受入建設企業・適正監理計画に関する事項

適正監理計画認定番号		
受入建設企業の所在地		
元受企業との関係 （直近上位の企業名その他）		
責任者	役職	氏名
管理指導員	役職	氏名
就労場所		
従事させる業務の内容		
従事させる期間（計画期間）		

○添付書類

提出にあたっては下記に該当するものの写し各１部を添付すること

1　適正監理計画認定証

2　パスポート（国籍、氏名等と在留許可のある部分）

3　在留カード

4　受入建設企業と外国人建設就労者との間の雇用契約書及び雇用条件書（労働条件通知書）

外国人労働者の入場時提出書類一覧表

書類名	永住者など	技能実習生	建設就労者	確認のポイントなど
外国人労働者就労届（外国人技能実習生および外国人建設就労者除く）	○			
外国人技能実習生 建設現場入場許可申請書		○		
※添付書類（提出にあたっては下記に該当するものの写しを各１部添付すること）				
・技能実習計画認定書と技能実習計画		○		技能実習生が合法的であること等の整合、指導員の常駐等体制が整っているか等
・パスポート（国籍、氏名等と在留許可のある部分）		○		本人との整合
・在留カード		○		①本人との整合 ②在留資格 ③就労制限の有無 ④在留期間
・受入建設企業と外国人技能実習生との間の雇用契約書および雇用条件書（労働条件通知書）		○		受入建設企業と雇用関係にある技能実習生であることおよび賃金の支払いに関すること、社会保険加入が適切に行われているかなどの確認
・保険契約書（JITCO 外国人技能実習生総合保険等、民間の傷害保険契約も可）		○		公的保険を補完する民間の傷害保険等に加入しているかの確認
外国人建設就労者 建設現場入場届出書			○	
※添付書類（提出にあたっては下記に該当するものの写しを各１部添付すること）				
・適正監理計画認定書			○	
・パスポート（国籍、氏名等と在留許可のある部分）			○	本人との整合
・在留カード			○	①本人との整合 ②在留資格 ③就労制限の有無 ④在留期間
・受入建設企業と外国人建設就労者との間の雇用契約書および雇用条件書（労働条件通知書）			○	受入建設企業と雇用関係にある建設就労者であることおよび賃金の支払いに関すること、社会保険加入が適切に行われているかなどの確認
再下請負通知書		○	○	全建統一様式 外国人建設就労者および外国人技能実習生の従事の有無など

外国人労働者就労届

令和　年　月　日

□□建設株式会社　○○支店
工事事務所長　○○　○○　殿

外国人労働者就労届（外国人技能実習生および外国人建設就労者を除く）

（一次会社）
協力会社名 ＿＿＿＿＿＿＿＿＿＿＿＿
代表者 ＿＿＿＿＿＿＿＿＿＿＿＿ ㊞

貴工事事務所における当社受注工事を施工するため、下記の外国人労働者（外国人技能実習生および外国人建設就労者を除く）を使用しますので報告します。
なお、工事の施工・労務安全管理については充分監督指導を行い万全を期しますと共に、万一、労災事故等を発生した場合は責任をもって解決し、貴社に一切の迷惑をかけません。

氏名（カナ）	在留資格	使用期間	所属会社名	下請区分
		自 至		
		自 至		
		自 至		
		自 至		
		自 至		

※５名以上入場の場合は、この用紙を複写して使用のこと
下請区分欄は、何次下請負業者かを記載する（例：「二次」「三次」）

《添付書類》
在留カード（写）
※事業者は、コピーを提出する旨や目的を事前説明し、本人の同意を必ず得ておくこと。

以前添付書類の一つとしてあげられていた「永住者証明書」は永住者が外国人労働者の定義から外れたため、削除されました（「外国人労働者の雇用管理の改善等に関して事業主が適切に対処するための指針」の第三）

外国人技能実習生 建設現場入場許可申請書

外国人技能実習生 建設現場入場許可申請書

工事事務所長　殿

２０　　年　　月　　日

（　　次下請）　（実習実施者の名称）

（責任者の職・氏名）

（電話番号）

外国人技能実習生の建設現場への入場について下記のとおり申請致します

1．建設工事に関する事項

建設工事の名称	
施工場所	

2．建設現場への入場を届け出る外国人技能実習生に関する事項

※　４名以上の入場を申請する場合、必要に応じて欄の追加や別紙とする等対応すること

	外国人技能実習生　１	外国人技能実習生　２	外国人技能実習生　３
氏　　名			
生年月日			
性　　別			
国　　籍			
従事させる業務			
現場入場の期間			
在留資格			
在留期間満了日			

3．実習実施者・監理団体に関する事項

実習実施者の所在地		
元請企業との関係 （直近上位の企業名その他）		
技能実習責任者	役職	氏名
技能実習指導員	役職	氏名
従事させる業務の内容		
監理団体の名称	（一般・特定）	
監理団体の所在地		

※ 添付書類（提出にあたっては下記に該当するものの写し各１部を添付すること）

1．【技能実習計画認定通知書】と【技能実習計画】

2．パスポート（国籍、氏名等と在留許可のある部分）

3．在留カード

4．受入建設企業と外国人技能実習生との間の雇用契約書及び雇用条件書（労働条件通知書）

5．保険契約書（JITCO外国技能人実習生総合保険等、民間の傷害保険契約も可）

（出典）JITCO ホームページ

V

不法就労の防止

① 不法就労の防止

1．不法就労とは

（1）定義

不法就労とは、外国人が入管法上は就労が認められていないにもかかわらず、就労活動することで次のような場合をいいます。

①我が国に不法に入国・上陸したり、在留期間を超えて不法に残留するなどして、正規の在留資格を持たない外国人が行う収入を伴う活動

②正規の在留資格を持っている外国人でも、許可を受けずに、与えられた在留資格以外の収入を伴う事業を運営する活動または報酬を受ける活動

ここでいう就労とは、何らかの報酬を得て働くことや、収入を得るために活動することを意味します。つまり、誰かに雇われて働くことのみならず、自分で事業を行い収入を得ることも含む幅広い言葉です。

法務省では、次にあげる者の行う活動であって報酬その他の収入を伴うものを入管法上の不法就労と定義しています。不法就労を行った外国人に対しては、処罰や退去強制（国外追放）措置がとられます。

	不法就労となるのは	例
1	不法滞在者や被退去強制者が働くケース	・密入国した人や在留期限の切れた人が働く ・退去強制されることが既に決まっている人が働く
2	出入国在留管理庁から働く許可を受けていないのに働くケース	・観光等短期滞在目的で入国した人が働く ・留学生や難民認定申請中の人が許可を受けずに働く
3	出入国在留管理庁から認められた範囲を超えて働くケース	・外国料理のコックとして働くことを認められた人が工事現場・工場・事務所で単純労働者として働く ・留学生が許可された時間数を超えて働く（複数の事業所で働く場合はそれぞれの合計時間）

（2）不法就労者に対する罰則

①不法滞在者や被退去強制者に対して、３年以下の懲役もしくは禁錮もしくは300万円以下の罰金に処し、またはこれを併科する（入管法第70条）。

②在留資格で認められた範囲外の活動により、収入を伴う事業を運営する活動または報酬を受ける活動を専ら行っていると明らかに認められる者に対して３年以下の懲役もしくは禁錮もしくは300万円以下の罰金に処し、またはこれを併科する（入管法第70条）。

③②に該当する以外の不法就労を行った者（日雇いのアルバイトをした場合等）に対して、１年以下の懲役もしくは禁錮もしくは 200 万円以下の罰金に処し、またはこれを併科する（入管法第 73 条)。

また、後記５で述べるように、不法就労に関与した使用者や斡旋業者である個人・企業・団体も処罰の対象となります。

2．不法残留者数の推移、国籍別不法残留者数

法務省が 2019 年(平成 31 年) ３月に発表した「本邦における不法残留者数について」によると、2019 年（平成 31 年） １月１日現在の不法残留者総数は、７万 4，167 人であり、前回調査時(2018 年(平成 30 年) １月１日現在)の６万 6,498 人に比べ、7,669 人（11.5%）増加し、４年連続の増加となっています。男女別では、男性が４万 2,632 人（構成比 57.5%)、女性が３万 1,535 人（同 42.5%）となり、前回調査時と比べ男性が 5,580 人（15.1%)、女性が 2,089 人（7.1%）増加しました。

不法残留者数の多い国・地域は次のとおりです（カッコ内は構成比です)。

①韓国 12,766 人(17.2%)、②ベトナム 11,131 人(15.0%)、
③中国 10,119 人（13.6%)、④タイ 7,480 人（10.1%)、
⑤フィリピン 5,417 人（7.3%)、⑥台湾 3,747 人（5.1%）

前回調査時に比べ６か国･地域で増加しましたが、特に、ベトナムが 4,371 人(64.7%）増、インドネシアが 1,247 人（60.1%）増と大きく増加しています。

（資料１）国籍・地域別　不法残留者数の推移

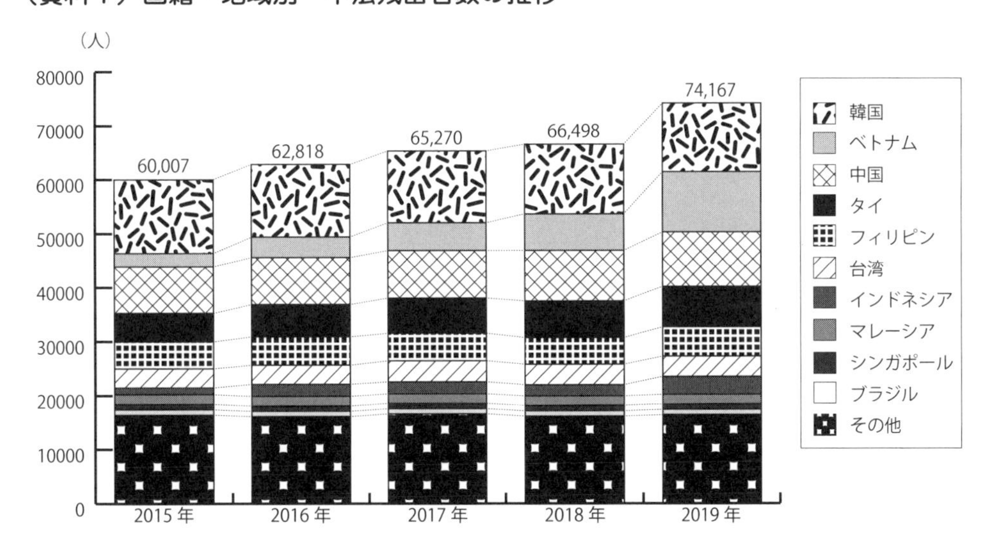

（出典）法務省「本邦における不法残留者数について（2019 年１月１日現在)」

3．在留資格別不法残留者数

不法残留者数の多い上位５つの在留資格については次のとおりです。

前回調査時に比べ日本人の配偶者等のみ減少し、他の４在留資格で増加しましたが、特に技能実習、特定活動が大きく増加しました（カッコ内は構成比です）。

①短期滞在 47,399 人（63.9％）、②技能実習 9,366 人（12.6％）、 ③留学 4,708 人（6.3％）、④特定活動 4,224 人（5.7％）、 ⑤日本人の配偶者等 2,946 人（4.0％）、⑥その他 5,524 人（7.4％）

（資料２）在留資格別　不法残留者数の割合（2019 年１月１日現在）

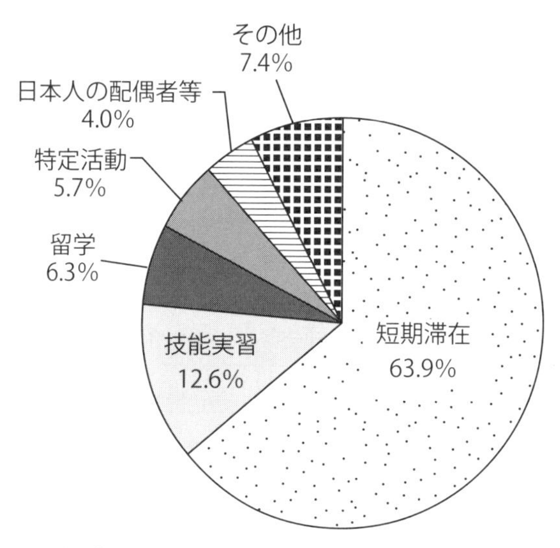

（出典）法務省「本邦における不法残留者数について（2019 年１月１日現在）」

4．不法就労者は受入れない～外国人の就労可否に関するチェックリスト

入管法では、外国人の就労について、在留資格によって厳しく制限しており、資格外活動の許可を得ていない場合は、就労を認めていません。

外国人を雇用する際には「在留カード」を必ず確認して、「外国人の就労可否に関するチェックリスト」（p 125 参照）でチェックが必要です。

5．不法就労者を雇用した場合の罰則

1）不法就労活動を助長する者に対する罰則（入管法第73条の2－不法就労助長罪）

以下の者は３年以下の懲役もしくは300万円以下の罰金に処し、またはこれを併科することとなっています。

①事業活動に関し、外国人に不法就労活動をさせた者

②外国人に不法就労活動をさせるためにこれを自己の支配下に置いた者

③業として、外国人に不法就労活動をさせる行為または②の行為に関し斡旋した者（斡旋ブローカー等）

ここでの「不法就労活動をさせた者」とは、外国人を直接雇った雇用主のみならず、外国人の不法就労に強く関与した者も含みます。たとえば、建設工事における元請業者として外国人を直接雇用していない場合であっても、下請業者が外国人を雇用して不法就労させることに強く関与したと認められる場合は、不法就労活動をさせたものとして処罰される可能性があります。

１次下請業者と２次下請業者、あるいは２次下請業者と３次下請業者との間でも同様です。

2）不法就労外国人とは知らずに雇用した場合

１の不法就労助長罪は不法就労の事実を知らずに誤って雇用した場合のように過失がない場合は、適用されません。

しかし、在留カード（2012年（平成24年）７月９日施行）により在留資格・資格外活動許可の有無等の判別が容易になったことにより、雇用主が、雇用する外国人が不法就労者であることを知らなかったとしても、在留資格の有無を確認していない等の過失がある場合には処罰を免れません。

外国人を採用するに当たっては、旅券（パスポート）または在留カード等により、「在留資格」「在留期間」「在留期限」を確認することが必要です。特に「在留資格」については、就労活動が認められる在留資格かどうか確認することが大切です。

3）両罰規定

企業の従業員がこの法令を犯した場合は、その行為者が罰せられるだけでなく、両罰規定により、その法人または人に対しても、同じ罰金刑が科せられます（入管法第73条）。

4）行政処分

「技能実習生の入国・在留管理に関する指針」（2013年（平成25年）12月改訂法務省入国管理局）で、「不正行為」の具体的な内容として不法就労者の雇用等（不

法就労助長罪）を規定しています。

「不正行為」が行われ、地方入国管理局による事実確認の結果、技能実習の適正な実施を妨げるものと判断された場合は、技能実習生の受入れは不正行為が終了した日以降一定期間（不法就労者の雇用等の場合は３年間）認められません。

また、事実確認の結果、不正の程度が軽微であり、技能実習の適正な実施を妨げるものとまでは認められなかった場合であっても、地方入国管理局による指導が必要とされる行為を行った場合は、再発防止に必要な改善措置を講ずるよう通知が行われます。再発防止に必要な改善措置が講じられていなければ、新たな研修生や技能実習生の受入れは認められません。

５）他法令に関する処分

不法就労助長罪を犯した場合は、有料職業紹介事業や労働者派遣事業の許可の取消し等に該当しますので、紹介事業や派遣事業を行っている場合、厚生労働大臣より許可の取消し処分をうける可能性があります（職業安定法第 32 条の９、労働者派遣事業の適正な運営の確保及び派遣労働者の保護等に関する法律第 14 条第１号）。

また、有料職業紹介事業や労働者派遣事業の許可の欠格事由に該当しますので、罰金の刑に処せられ、その執行を終わり、または執行を受けることがなくなった日から起算して５年を経過しない間は、許可を受けられません（職業安定法第 32 条第１号、労働者派遣法第６条第１号）。

６．ハローワークへの届出

雇用対策法により、全ての事業主は、外国人労働者（特別永住者および在留資格「外交」・「公用」の者を除く）の雇入れと離職の際に、その都度、当該外国人労働者の氏名、在留資格、在留期間等について確認しハローワークへ届け出ることが義務付けられています（雇用対策法第 28 条）。

ハローワーク窓口への届出のほか、電子申請（「外国人雇用状況報告システム」）によることも可能です。

この届出を怠ったり虚偽の届出を行った場合には、30 万円以下の罰金が科せられます（雇用対策法第 40 条第２項）。

7．建設業法上の罰則

入管法第73条の2の規定に違反して不法就労助長罪で罰せられた場合の建設業法上の取扱いは次のとおりです。

1）許可を受けた建設業者等が、入管法第73条の2の規定により懲役刑に処せられた場合は、建設業法第8条第7号に該当し、当該建設業者に対して、許可の取消しが行われます（建設業法第29条第1項第2号）。

また、入管法第73条の2の規定により罰金刑に処せられた場合は、必要な指示がされます（建設業法第28条第1項第3号）。

2）建設業の許可を受けようとする者等が、入管法第73条の2の規定により、懲役刑に処せられ、その刑の執行を終わり、また刑の執行を受けることがなくなった日から5年を経過しない場合は、許可を受けることができません（建設業法第8条第7号）。

3）「下請負人に対する特定建設業者の指導等（元請責任）」（建設業法第24条の6）にかかわる指導に努めなければならない法令には、この入管法は含まれませんが、元請業者には、下請業者が不法就労を助長することにより建設業法の処分を受けることのないように指導することが求められます。

なお、直接雇用していない場合でも外国人の不法就労に強く関与したとして不法就労助長罪で処罰を受けた場合は、上記1）の処分を受けることになります。

8．労災保険上の取扱い～不法就労者に対する労災補償

1）我が国の労働・社会関係法が、人種・国籍に関係なく、日本国内で働く労働者を対象とするいわゆる「属地主義」をとっているため、労災保険も労働者の国籍や入管法上の在留資格等は適用要件とされません。

したがって、不法就労者であっても、労働者であれば、業務上災害や通勤災害が発生した場合は、日本人あるいは合法的に就労している外国人労働者と同じように療養（補償）給付、休業（補償）給付等の給付を受ける権利があります。

2）損害賠償等の請求

民事上の損害賠償請求は、本人や関係者の意思により行うことができます。

9．元請業者が罰せられるケース

不法就労者を雇用した場合は、元請業者、下請業者にかかわらず、前記「5．不法就労者を雇用した場合の罰則」のとおり、３年以下の懲役もしくは300万円以下の罰金に処し、またはこれが併科されます。直接雇用しない場合でも、強く関与した場合も同様です。

また、前述のとおり、入管法は建設業法における「下請負人に対する特定建設業者の指導等」にかかわる指導に努めなければならない法令に含まれませんので、建設業法での処罰の対象にはなりません。

しかし、元請業者として、下請業者が入管法に違反しないように、外国人を雇用する際には①「在留カード」による確認、②「在留カード」が有効なものかの確認、③「外国人の就労可否に関するチェックリスト」（p 125参照）によるチェックの実施を求め、現場入場時には元請業者としても「在留カード」による確認が必要です。

現場入場時に「在留カード」による確認を行わなかった場合は、不法就労防止に十分な対応を行っていないとして、「不法就労者と知っていて働かせた」、「不法就労者に働く場所を提供した」とされることも危惧されますので、「在留カード」による確認により不法就労者の防止に努めなければなりません。

● 外国人の就労可否に関するチェックリスト

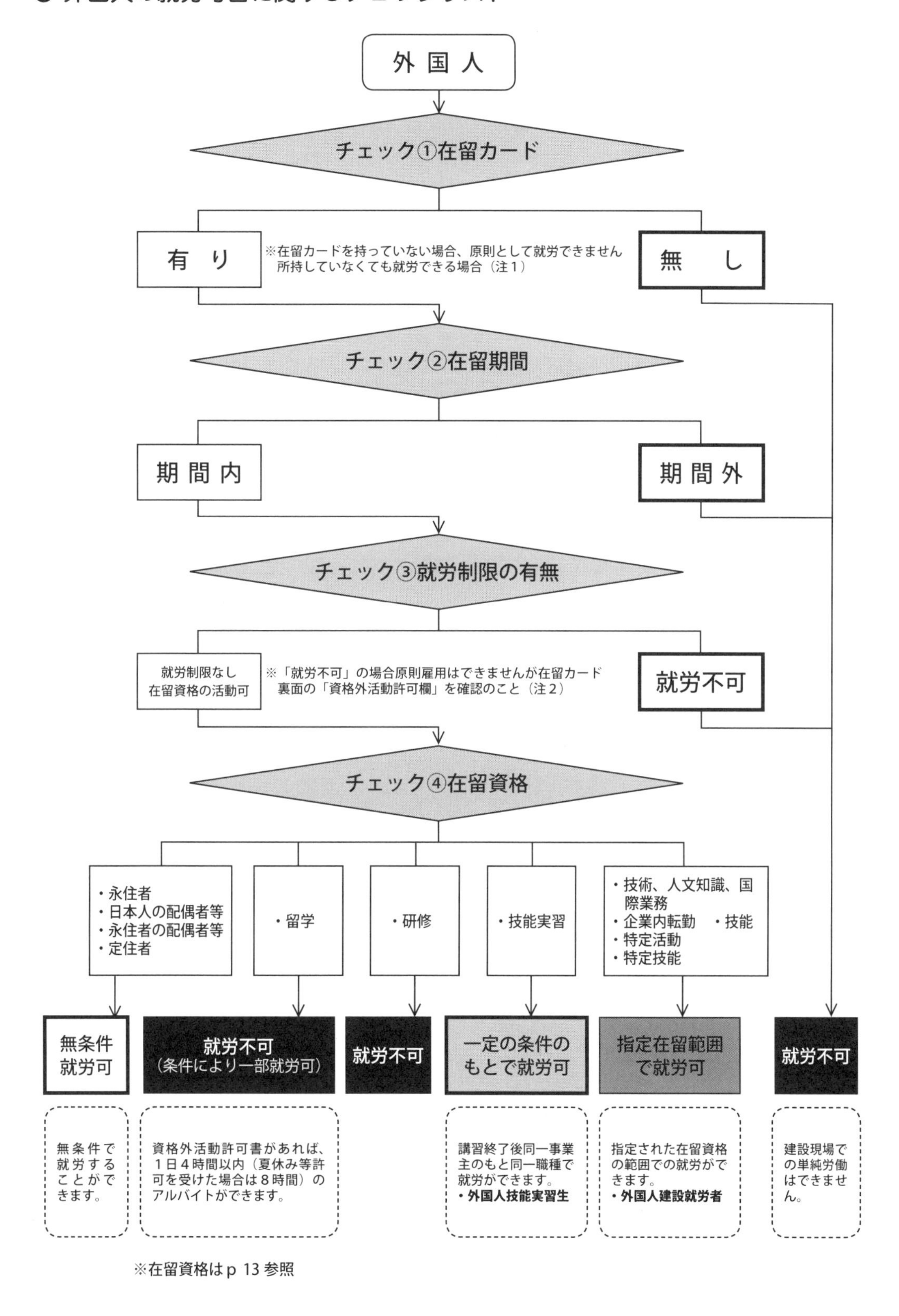

※在留資格はｐ 13 参照

（注１）在留カードを所持していなくても就労できる場合

・旅券に後日在留カードを交付する旨の記載がある場合

成田空港、羽田空港、中部空港および関西空港においては、旅券に上陸許可の証印をするとともに、上陸許可によって中長期在留者になった方には在留カードを交付する。その他の出入国港においては、旅券に上陸許可の証印をし、その近くに後日在留カードを交付する旨の記載。この場合には、中長期在留者の方が市区町村の窓口に住居地の届出をした後に、在留カードが交付される。

（原則として地方入国管理官署から当該住居地に転送）

・「３カ月」以下の在留期間が付与された方

・「外交」「公用」等の在留資格が付与された方

（注２）「在留資格に基づく就労活動のみ可」

裏面の「資格外活動許可」の欄に次のいずれかの記載がある場合就労できる。
ただし、就労時間や就労場所に制限があるので注意が必要。

・「許可（原則週 28 時間以内・風俗営業等の従事を除く）」

・「許可（資格外活動許可書に記載された範囲内の活動）」

Ⅵ

参考資料

❶ 外国人労働者数の内訳

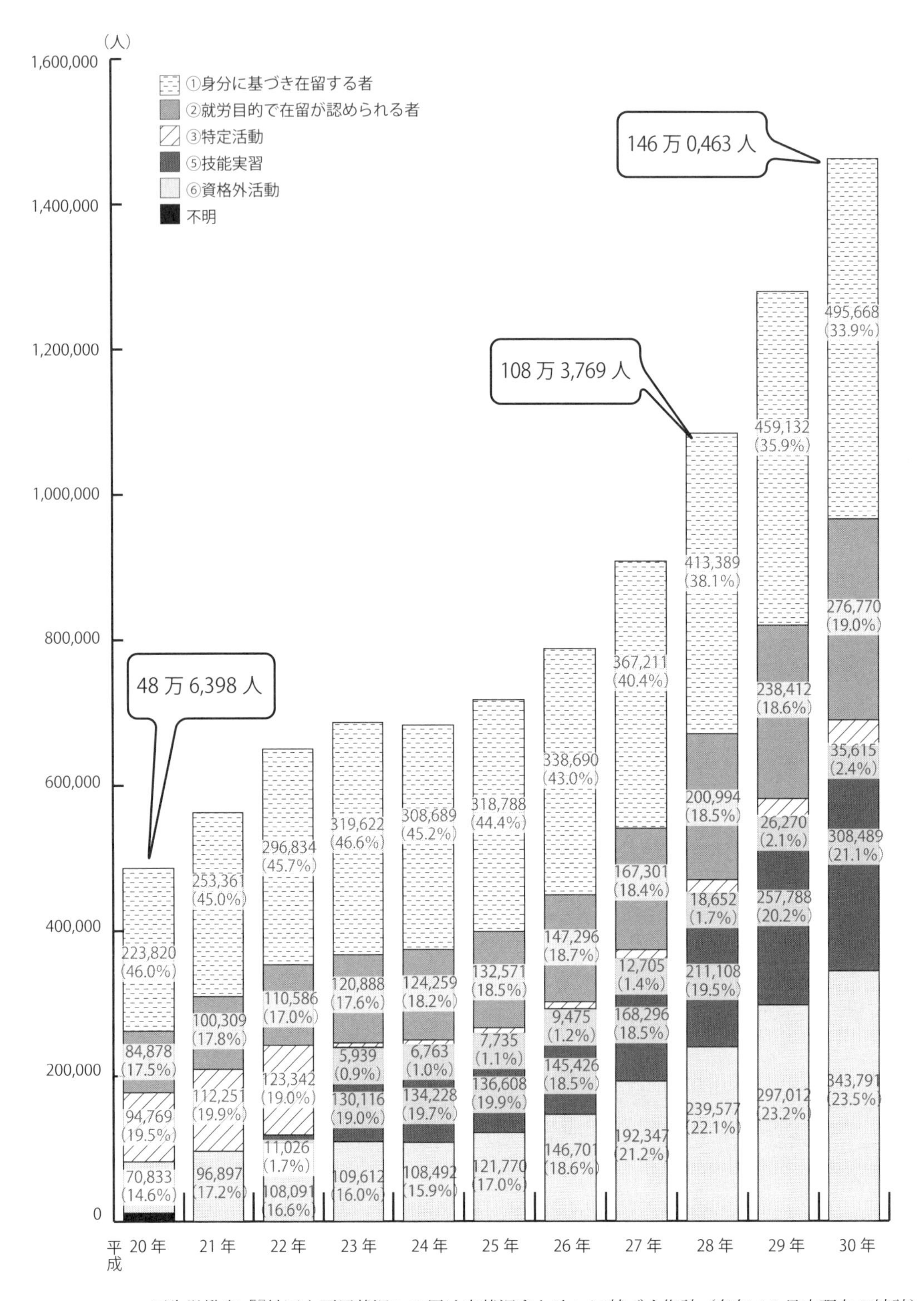

厚生労働省「『外国人雇用状況』の届け出状況まとめ」に基づく集計（各年10月末現在の統計）

①身分に基づき在留する者　　　　　　　　　約 49.6 万人

（「定住者」（主に日系人）、「永住者」、「日本人の配偶者等」等）

- これらの在留資格は在留中の活動に制限がないため、様々な分野で報酬を受ける活動が可能。

②就労目的で在留が認められる者　　　　　　約 27.7 万人

（いわゆる「専門的・技術的分野」）

- 一部の在留資格については、上陸許可の基準を「我が国の産業及び国民生活に与える影響その他の事情」を勘案して定めることとされている。

③特定活動　　　　　　　　　　　　　　　　約 3.6 万人

（ＥＰＡに基づく外国人看護師・介護福祉士候補者、ワーキングホリデー、外国人建設就労者、外国人造船就労者等）

- 「特定活動」の在留資格で我が国に在留する外国人は、個々の許可の内容により報酬を受ける活動の可否が決定。

④就労を目的とした新たな在留資格（「特定技能」）

- 一定の専門性・技能を有し，即戦力となる外国人材を受け入れるもの。
- 受入れ対象分野については，真に必要な分野に限定する。
- 在留期間の上限は，通算で５年とする。

⑤技能実習　　　　　　　　　　　　　　　　約 30.8 万人

技能移転を通じた開発途上国への国際協力が目的。
平成 22 年 7 月 1 日施行の改正入管法により、技能実習生は入国 1 年目から雇用関係のある「技能実習」の在留資格が付与されることになった（同日以後に資格変更をした技能実習生も同様。）。

⑥資格外活動（留学生のアルバイト等）　　　約 34.4 万人

- 本来の在留資格の活動を阻害しない範囲内（1 週 28 時間以内等）で、相当と認められる場合に報酬を受ける活動が許可

❷ 在留外国人の在留資格・国籍別内訳

（平成 30 年末）

在留外国人数（総数）273 万 1,093 人

1．在留資格別

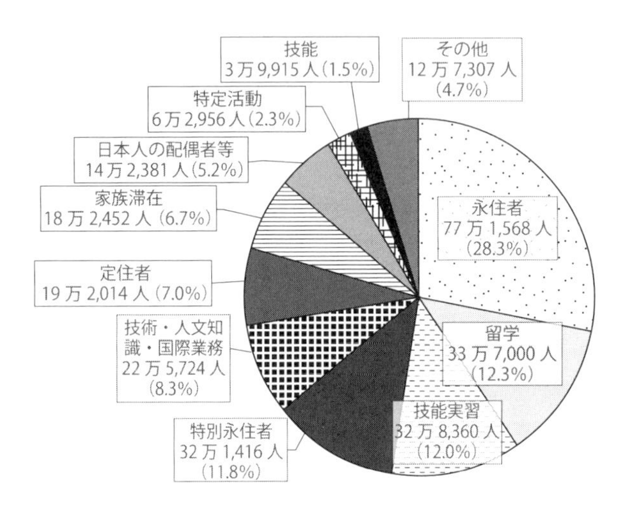

2．国籍・地域別

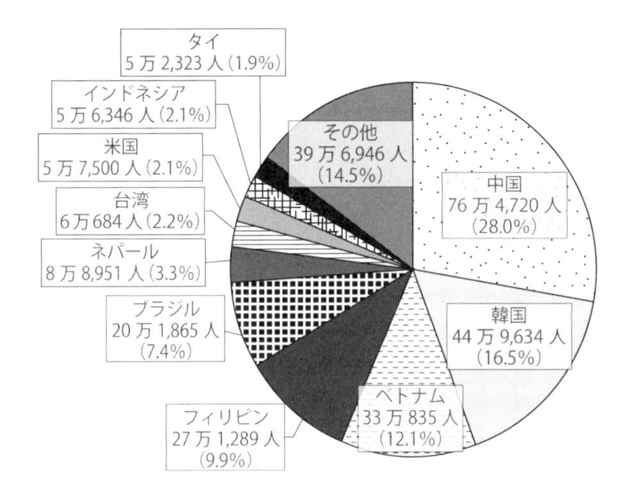

（出典）出入国在留管理庁ホームページ

❸ 建設分野における外国人材の受入れ状況

- 建設分野で活躍する外国人の数は、2011 年から 5 倍以上に増加(1.3 万人→ 6.9 万人)
- 在留資格別では技能実習生が最も多く（2018 年：4.6 万人)、近年増加傾向にある。
- 2015 年から、オリンピック・パラリンピック東京大会の関連施設整備等による一時的な建設需要の増大に対応するため、技能実習修了者を対象とした「外国人建設就労者受入事業」を開始した。

● 建設分野に携わる外国人数

（単位：人）

	2011	2012	2013	2014	2015	2016	2017	2018	2011→2018 増加率
全産業	686,246	682,450	717,504	787,627	907,896	1,083,769	1,278,670	1,460,463	112.8%
建設業	12,830	13,102	15,647	20,560	29,157	41,104	55,168	68,604	434.7%
技能実習生	6,791	7,054	8,577	12,049	18,883	27,541	36,589	45,990	577.2%
外国人建設就労者	0	0	0	0	401	1,480	2,983	4,333	

※外国人建設就労者は年度末時点（2018 年は 12 月末時点)、その他は 10 月末時点の人数。

伸び率は全産業中トップ！

● 外国人建設就労者の受入状況（2019 年３月末時点）

外国人建設就労者の入国月

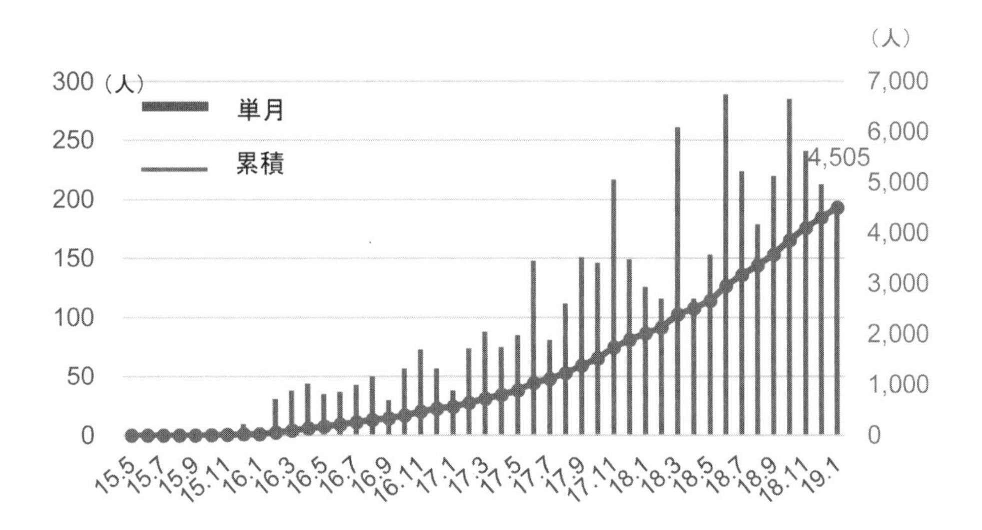

国籍別の状況

（単位：人）

国名	ベトナム	中国	フィリピン	インドネシア	ミャンマー	モンゴル	タイ	カンボジア	ネパール	スリランカ	ラオス
人数	2,441	1,040	585	509	74	59	35	27	11	11	4

職種別の状況

（単位：人）

	鉄筋施工	とび	建築大工	溶接	型枠施工	左官	建設機械施工	内装仕上げ施工	塗装	鉄工	防水施工	配管
人数	919	916	597	460	356	325	270	181	146	143	100	84

コンクリート圧送施工	建築板金	タイル張	熱絶縁施工	かわらぶき	表装	サッシ施工	石材施工	ウェルポイント施工	建具製作	冷凍空気調和機器施工	さく井
83	42	42	27	22	21	20	13	8	8	7	6

④ リーフレット「外国人雇用はルールを守って適正に」

平成31年4月版

（外国人を雇用する事業主の方へ）

外国人雇用は ルールを守って適正に

外国人が在留資格の範囲内でその能力を十分に発揮しながら、適正に就労できるよう、事業主の方が守らなければならないルールや配慮していただきたい事項があります。内容をご理解の上、適正な外国人雇用をお願いします。

～ 以下の２点は、事業主の責務です！ ～

1 雇入れ・離職時の届出 P2～

外国人の雇入れ及び離職の際には、その氏名、在留資格などをハローワークに届け出てください。ハローワークでは、届出に基づき、雇用環境の改善に向けて、事業主の方への助言や指導、離職した外国人への再就職支援を行います。

また、届出に当たり、事業主が雇い入れる外国人の在留資格などを確認する必要があるため、不法就労の防止につながります。

2 適切な雇用管理 P8～

事業主が遵守すべき法令や、努めるべき雇用管理の内容などを盛り込んだ「外国人労働者の雇用管理の改善等に関して事業主が適切に対処するための指針」が、労働施策の総合的な推進並びに労働者の雇用の安定及び職業生活の充実等に関する法律に基づき定められています。

この指針に沿って、職場環境の改善や再就職の支援に取り組んでください。

▶その他（ご参照ください）

厚生労働省　都道府県労働局　ハローワーク

PL310401外02

1 外国人労働者の雇入れ・離職の際には その氏名、在留資格などについて ハローワークへの届出が必要です

事業主の外国人雇用状況の届出義務

労働施策の総合的な推進並びに労働者の雇用の安定及び職業生活の充実等に関する法律に基づき、**外国人を雇用する事業主には、外国人労働者の雇入れ及び離職の際に、その氏名、在留資格などについて、ハローワークへ届け出ることが義務づけられています。**ハローワークでは、届出に基づき、雇用環境の改善に向けて、事業主の方への助言や指導、離職した外国人への再就職支援を行います。

労働施策の総合的な推進並びに労働者の雇用の安定及び職業生活の充実等に関する法律（昭和四十一年法律第百三十二号）**抜粋**

（外国人雇用状況の届出等）
第二十八条（抄）
事業主は、新たに外国人を雇い入れた場合又はその雇用する外国人が離職した場合には、厚生労働省令で定めるところにより、その者の氏名、在留資格、在留期間その他厚生労働省令で定める事項について確認し、当該事項を厚生労働大臣に届け出なければならない。

●届出の対象となる外国人の範囲

日本の国籍を有しない方で、**在留資格「外交」、「公用」以外の方**が届出の対象となります。

※「特別永住者」（在日韓国・朝鮮人等）の方は、特別の法的地位が与えられており、本邦における活動に制限がありません。このため、特別永住者の方は、外国人雇用状況の届出制度の対象外とされておりますので、確認・届出の必要はありません。

●届出の方法について

外国人雇用状況の届出方法については、届出の対象となる外国人が**雇用保険の被保険者となるか否か**によって、使用する様式や届出先となるハローワーク、届出の提出期限が異なります。

① 雇用保険の**被保険者となる**外国人について届け出る場合
→ P.3～P.4をご確認ください。

② 雇用保険の**被保険者**とならない外国人について届け出る場合
→ P.5をご確認ください。

●届出事項の確認方法について

外国人雇用状況の届出に際しては、外国人労働者の在留カード、旅券（パスポート）又は指定書などの**提示を求め、届け出る事項を確認してください。**
→ P.6をご確認ください。

● 届出の方法について ①-1 《雇用保険被保険者資格取得届》

雇用保険の被保険者となる外国人の場合（雇入れ時）	
●届出事項	①氏名　②在留資格※　③在留期間　④生年月日　⑤性別　⑥国籍・地域 ⑦資格外活動許可の有無 ⑧雇入れに係る事業所の名称及び所在地など、取得届に記載が必要な事項 ※在留資格「特定技能」の場合は分野、「特定活動」の場合は活動類型を含む（以下同じ）
●届出方法	「17」～「22」欄に「国籍・地域」や「在留資格」などを記入してハローワークに提出することによって、外国人雇用状況の雇入れの届出を行ったことになります。 ただし、以下の場合は記入不要です。 ・外国人雇用状況届出の対象外となっている方 （特別永住者、在留資格「外交」・「公用」の方） ・「電子届出」（P.7）や「様式第3号」によって届出済みの方
●届 出 先	雇用保険の適用を受けている事業所を管轄するハローワーク（公共職業安定所）に届け出てください。 （雇用保険被保険者資格取得届を届け出るハローワークと同様です）
●届出期限	雇用保険被保険者取得届の提出期限と同様です。

＜「雇用保険被保険者資格取得届」の様式（様式第２号）＞

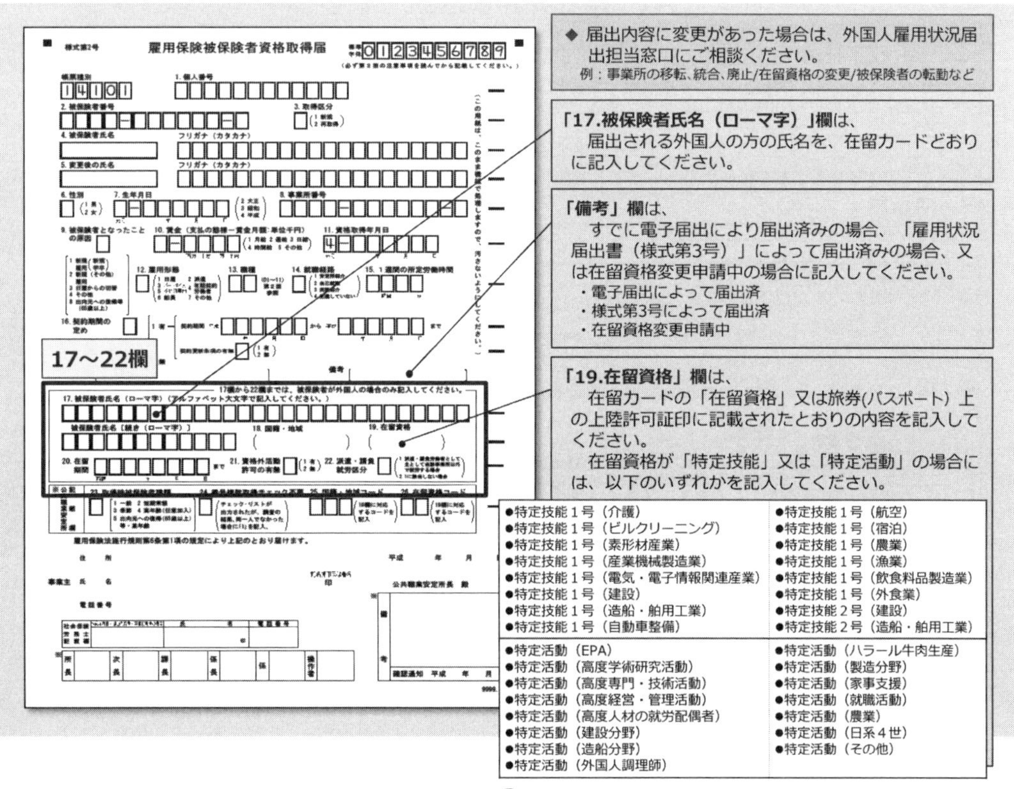

- 3 -

● 届出の方法について ①-2《雇用保険被保険者資格喪失届》

雇用保険の被保険者となる外国人の場合（離職時）	
●届出事項	①氏名　②在留資格　③在留期間　④生年月日　⑤性別　⑥国籍・地域 ⑦離職に係る事業所の名称及び所在地など、喪失届に記載が必要な事項
●届出方法	**表面の「住所（被保険者の住所又は居所）」欄**の他、**裏面の「14」～「18」欄**に「国籍・地域」や「在留資格」などを記入してハローワークに提出することで、外国人雇用状況の離職の届出を行ったことになります。 ただし、以下の場合は記入不要です。 ・外国人雇用状況届出の対象外となっている方 （特別永住者、在留資格「外交」・「公用」の方） ・「電子届出」（P.7）や「様式第3号」によって届出済みの方
●届 出 先	**雇用保険の適用を受けている事業所を管轄するハローワーク（公共職業安定所）に届け出てください。** （雇用保険被保険者資格喪失届を届け出るハローワークと同様です）
●届出期限	**雇用保険被保険者資格喪失届の提出期限と同様です。**

＜「雇用保険被保険者　資格喪失届・氏名変更届」の様式（様式第４号）＞

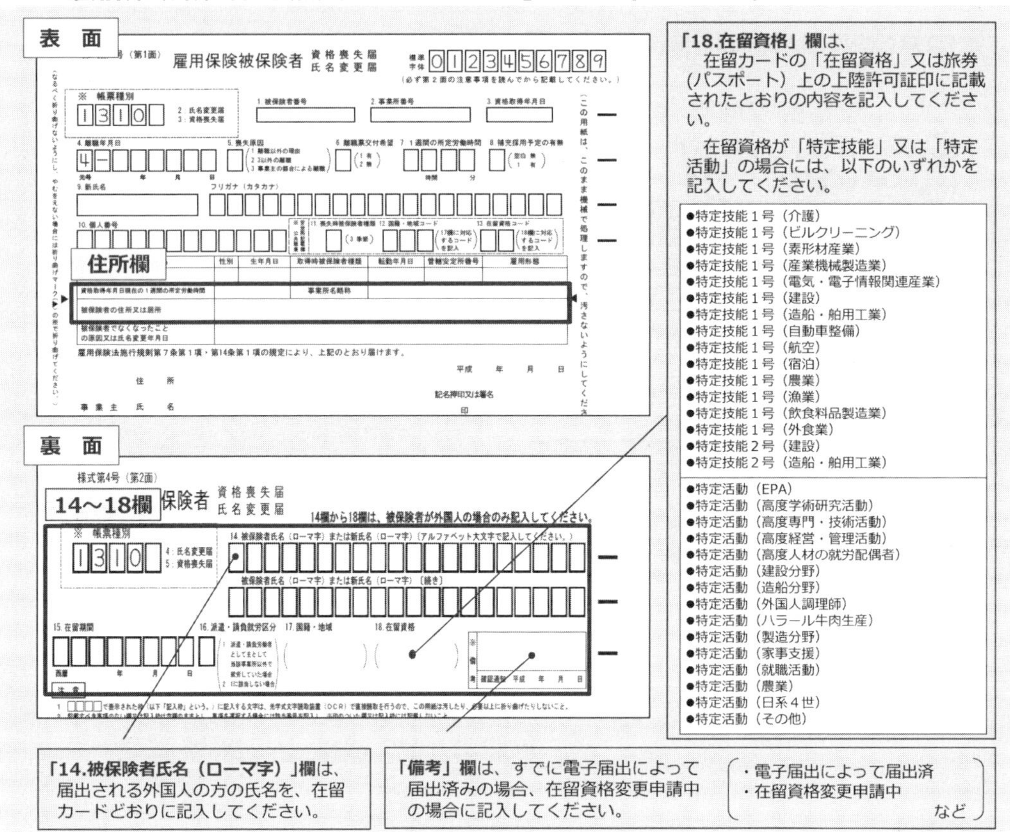

● 届出の方法について ② 《 外国人雇用状況届出書<様式第３号>》

雇用保険の被保険者とならない外国人の場合（雇入れ時・離職時）	
●届出事項	①氏名　②在留資格　③在留期間　④生年月日　⑤性別　⑥国籍・地域 ⑦資格外活動許可の有無　⑧雇入れ又は離職年月日 ⑨雇入れ又は離職に係る事業所の名称、所在地等 ※⑦については雇入れ時のみの届出事項です。
●届出方法	外国人雇用状況届出書（様式第３号）に、上記①～⑨の届出事項を記載して届け出てください。届出様式はハローワークの窓口で配布しているほか、厚生労働省ホームページからダウンロードすることもできます。 http://www.mhlw.go.jp/bunya/koyou/gaikokujin-koyou/07.html
●届 出 先	当該外国人が勤務する事業所施設（店舗、工場など）の住所を管轄するハローワーク（公共職業安定所）に届け出てください。
●届出期限	雇入れ、離職の場合ともに翌月の末日まで。

●外国人雇用状況届出書の見本

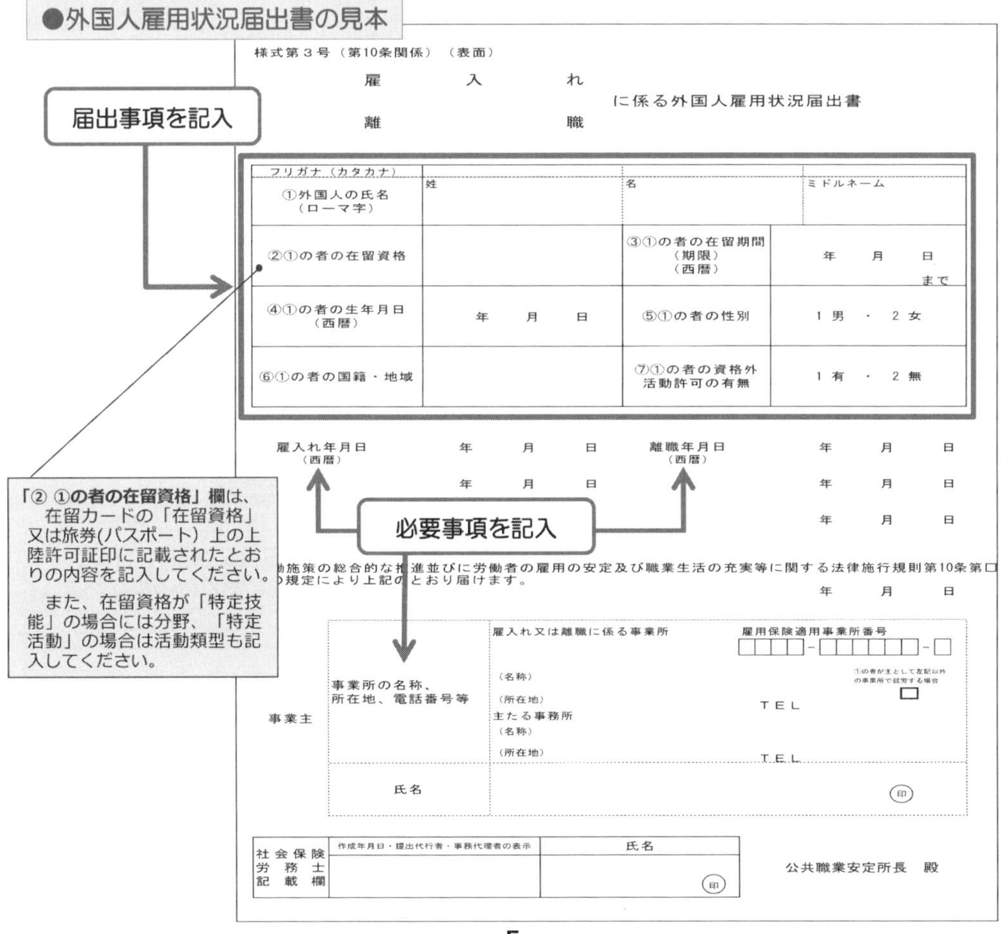

様式第３号（第10条関係）（表面）

雇入れ／離職 に係る外国人雇用状況届出書

フリガナ（カタカナ） ①外国人の氏名（ローマ字）	姓	名	ミドルネーム
②①の者の在留資格		③①の者の在留期間（期限）（西暦）	年　月　日 まで
④①の者の生年月日（西暦）	年　月　日	⑤①の者の性別	1 男 ・ 2 女
⑥①の者の国籍・地域		⑦①の者の資格外活動許可の有無	1 有 ・ 2 無

雇入れ年月日（西暦）　年　月　日　／　年　月　日
離職年月日（西暦）　年　月　日　／　年　月　日　／　年　月　日

…施策の総合的な推進並びに労働者の雇用の安定及び職業生活の充実等に関する法律施行規則第10条第…の規定により上記のとおり届けます。

年　月　日

事業主	事業所の名称、所在地、電話番号等	雇入れ又は離職に係る事業所 （名称） （所在地）　TEL 主たる事務所 （名称） （所在地）　TEL	雇用保険適用事業所番号 □□□□-□□□□□□-□ ①の者が主として左記以外の事業所で就労する場合 □
	氏名	印	

社会保険労務士記載欄	作成年月日・提出代行者・事務代理者の表示	氏名
		印

公共職業安定所長　殿

- 5 -

● 届出事項の確認方法について

外国人雇用状況の届出に際しては、外国人労働者の**在留カード又は旅券（パスポート）などの提示を求め**、届け出る事項を確認してください。

また、「留学」や「家族滞在」などの在留資格の外国人が資格外活動許可を受けて就労する場合は、**在留カードや旅券（パスポート）又は資格外活動許可書などにより**、資格外活動許可を受けていることを確認してください。在留カード等のコピーをハローワークに提出する必要はありません。なお、「特別永住者」（在日韓国・朝鮮人等）の方は、外国人雇用状況の届出制度の対象外とされておりますので確認・届け出の必要はありません。

届出事項の記載方法		
①	氏名	日常生活で使用している通称名ではなく、**必ず本名**を記入してください。在留カードの①「氏名」欄には、原則として、旅券（パスポート）の身分事項頁の氏名が記載されています。
②	在留資格	在留カードの②「在留資格」又は旅券（パスポート）上の上陸許可証印（※1）に記載されたとおりの内容を記入してください。 在留資格が「特定技能」の場合には分野を、また「特定活動」の場合には活動類型を、通常、旅券に添付されている指定書（※2）で、それぞれ確認し、届出用紙の在留資格記載欄に、以下のいずれかを記載してください。 ●特定技能1号（介護） ●特定技能1号（ビルクリーニング） ●特定技能1号（素形材産業） ●特定技能1号（産業機械製造業） ●特定技能1号（電気・電子情報関連産業） ●特定技能1号（建設） ●特定技能1号（造船・舶用工業） ●特定技能1号（自動車整備） ●特定技能1号（航空） ●特定技能1号（宿泊） ●特定技能1号（農業） ●特定技能1号（漁業） ●特定技能1号（飲食料品製造業） ●特定技能1号（外食業） ●特定技能2号（建設） ●特定技能2号（造船・舶用工業） ●特定活動（ワーキングホリデー） ●特定活動（EPA） ●特定活動（高度学術研究活動） ●特定活動（高度専門・技術活動） ●特定活動（高度経営・管理活動） ●特定活動（高度人材の就労配偶者） ●特定活動（建設分野） ●特定活動（造船分野） ●特定活動（外国人調理師） ●特定活動（ハラール牛肉生産） ●特定活動（製造分野） ●特定活動（家事支援） ●特定活動（就職活動） ●特定活動（農業） ●特定活動（日系4世） ●特定活動（その他）
③	在留期間	在留カードの③「在留期間」欄に記載された日付又は旅券（パスポート）上の上陸許可証印（※1）に記載されたとおりの内容を記入してください。
④ ⑤ ⑥	生年月日 性別 国籍・地域	在留カード又は旅券（パスポート）上の該当箇所を転記してください。
⑦	資格外活動許可の有無	資格外活動許可を得て就労する外国人の場合は、在留カード裏面の⑦「資格外活動許可欄」や資格外活動許可書（※3）又は旅券（パスポート）上の資格外活動許可証印（※4）等で資格外活動許可の有無、許可の期限、許可されている活動の内容をご確認ください。

確認のための書類（見本）

在留カード例（表面）

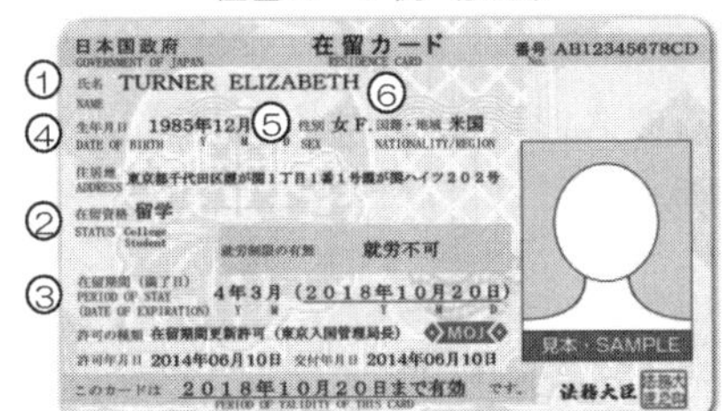

在留カード例（裏面）

※1 上陸許可証印

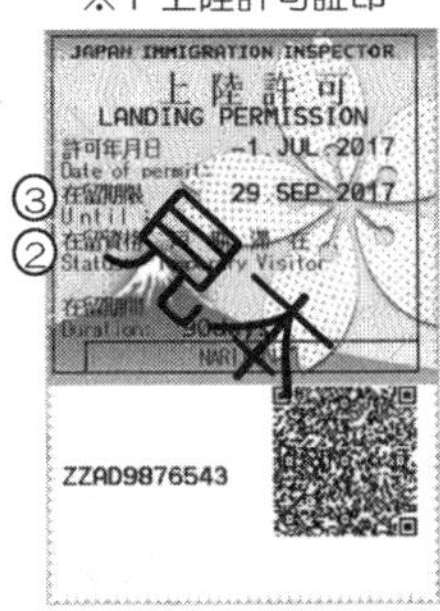

※2 指定書

※3 資格外活動許可書

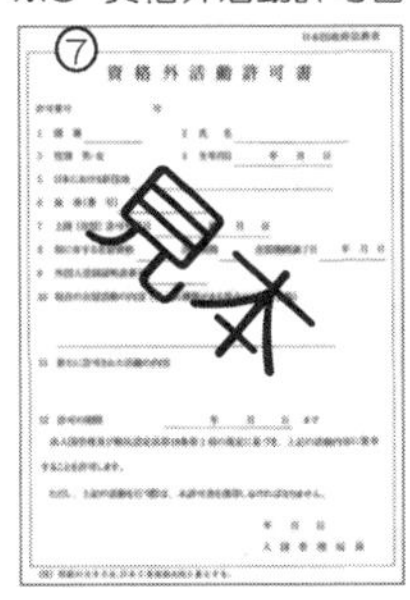

※4 資格外活動許可証印

「在留カード」について

出入国管理及び難民認定法の改正により、平成24年７月９日から**中長期在留者（※５）に「在留カード」が交付されます。**

※５　中長期在留者とは、以下のいずれにもあてはまらない人です。

①「３月」以下の在留期間が決定された人　②「短期滞在」の在留資格が決定された人
③「外交」又は「公用」の在留資格が決定された人等　④特別永住者　⑤在留資格を有しない人

インターネットによる届出について

●インターネットでも外国人雇用状況届出の申請（電子届出）を行うことができます。
インターネット上で「外国人雇用状況届出システム」で検索できるほか、**ハローワークインターネットサービスの「事業主の方」又は「申請等をご利用の方へ」のページ内にある「外国人雇用状況届出」から**利用することができます。その他、**大卒等就職情報WEB提供サービスの「企業メニュー」から**もリンクしています。

このバナーが目印です　外国人雇用状況届出

※これまでに「様式第３号」の届出用紙により、一度でもハローワークに届出を行ったことのある事業主の方は、インターネット上からユーザＩＤ及びパスワードを取得することはできません。
お手数ですが、様式第３号を届け出たハローワークまでお問い合わせください。

- 7 -

2 外国人労働者の雇用管理の改善は事業主の努力義務です

外国人が能力を発揮できる適切な人事管理と就労環境を！

外国人労働者の雇用管理の改善等に関して事業主が適切に対処するための指針

この指針は、外国人労働者が日本で安心して働き、その能力を十分に発揮する環境が確保されるよう、事業主が行うべき事項について定めています。

◆ 指針の主な内容 ◆

募集・採用時において

国籍で差別しない公平な採用選考を行いましょう。
日本国籍でないこと、外国人であることのみを理由に、求人者が採用面接などへの応募を拒否することは、公平な採用選考の観点から適切ではありません。

法令の適用について

労働基準法や健康保険法などの労働関係法令及び社会保険関係法令は、国籍を問わず外国人にも適用されます。また、労働条件面での国籍による差別も禁止されています。

適正な人事管理について

労働契約の締結に際し、賃金、労働時間等主要な労働条件について書面等で明示することが必要です。その際、母国語等により外国人が理解できる方法で明示するよう努めましょう。

賃金の支払い、労働時間管理、安全衛生の確保等については、労働基準法、最低賃金法、労働安全衛生法等に従って適切に対応しましょう。

人事管理に当たっては、職場で求められる資質、能力等の社員像の明確化、評価・賃金決定、配置等の運用の透明性・公正性を確保し、環境の整備に努めましょう。

解雇等の予防及び再就職援助について

労働契約法に基づき解雇や雇止めが認められない場合があります。安易な解雇等を行わないようにするほか、やむを得ず解雇等を行う場合には、再就職希望者に対して在留資格に応じた再就職が可能となるよう必要な援助を行うよう努めましょう。

なお、業務上の負傷や疾病の療養期間中の解雇や、妊娠や出産等を理由とした解雇は禁止されています。

◆ 指針の基本的な考え方 ◆

事業主は外国人労働者について、

- **労働関係法令及び社会保険関係法令は国籍にかかわらず適用されることから、事業主はこれらを遵守**すること。
- 外国人労働者が適切な労働条件及び安全衛生の下、**在留資格の範囲内で能力を発揮**しつつ就労できるよう、この指針で定める事項について、適切な措置を講ずること。

外国人労働者の雇用管理の改善等に関して事業主が努めるべきこと

●外国人労働者の募集及び採用の適正化

1　募 集	・ 募集に当たって、従事すべき業務内容、労働契約期間、就業場所、労働時間や休日、賃金、労働・社会保険の適用等について、書面の交付等により明示すること。【※】 ・ 特に、外国人が国外に居住している場合は、事業主による渡航・帰国費用の負担や住居の確保等、募集条件の詳細について、あらかじめ明確にするよう努めること。 ・ 外国人労働者のあっせんを受ける場合、許可又は届出のある職業紹介事業者より受けるものとし、職業安定法又は労働者派遣法に違反する者からはあっせんを受けないこと。なお、職業紹介事業者が違約金又は保証金を労働者から徴収することは職業安定法違反であること。 ・ 国外に居住する外国人労働者のあっせんを受ける場合、違約金又は保証金の徴収等を行う者を取次機関として利用する職業紹介事業者等からあっせんを受けないこと。 ・ 職業紹介事業者に対し求人の申込みを行うに当たり、国籍による条件を付すなど差別的取扱いをしないよう十分留意すること。 ・ 労働契約の締結に際し、募集時に明示した労働条件の変更等する場合、変更内容等について、書面の交付等により明示すること。【※】
2　採 用	・ 採用に当たって、あらかじめ、在留資格上、従事することが認められる者であることを確認することとし、従事することが認められない者については、採用してはならないこと。 ・ 在留資格の範囲内で、外国人労働者がその有する能力を有効に発揮できるよう、公平な採用選考に努めること。

【※】の事項については、母国語その他当該外国人が使用する言語又は平易な日本語を用いる等、理解できる方法により明示するよう努める必要があります。

- 9 -

●適正な労働条件の確保	
1　均等待遇	・労働者の国籍を理由として、賃金、労働時間その他の労働条件について、差別的取扱いをしてはならないこと。
2　労働条件の明示	・労働契約の締結に際し、賃金、労働時間等主要な労働条件について、書面の交付等により明示すること。その際、外国人労働者が理解できる方法により明示するよう努めること。【※】
3　賃金の支払い	・最低賃金額以上の賃金を支払うとともに、基本給、割増賃金等の賃金を全額支払うこと。 ・居住費等を賃金から控除等する場合、労使協定が必要であること。また、控除額は実費を勘案し、不当な額とならないようにすること。
4　適正な労働時間の管理等	・法定労働時間の遵守等、適正な労働時間の管理を行うとともに、時間外・休日労働の削減に努めること。 ・労働時間の状況の把握に当たっては、タイムカードによる記録等の客観的な方法その他適切な方法によるものとすること。 ・労働基準法等の定めるところにより、年次有給休暇を与えるとともに、時季指定により与える場合には、外国人労働者の意見を聴き、尊重するよう努めること。
5　労働基準法等の周知	・労働基準法等の定めるところにより、その内容、就業規則、労使協定等について周知を行うこと。その際には、外国人労働者の理解を促進するため必要な配慮をするよう努めること。
6　労働者名簿等の調整	・労働者名簿、賃金台帳及び年次有給休暇簿を調整すること。
7　金品の返還等	・外国人労働者の旅券、在留カード等を保管しないようにすること。また、退職の際には、当該労働者の権利に属する金品を返還すること。
8　寄宿舎	・事業附属寄宿舎に寄宿させる場合、労働者の健康の保持等に必要な措置を講ずること。
9　雇用形態又は就業形態に関わらない公正な待遇の確保（平成32年4月1日から適用）	・外国人労働者についても、短時間・有期労働法又は労働者派遣法に定める、正社員と非正規社員との間の不合理な待遇差や差別的取扱いの禁止に関する規定を遵守すること。 ・外国人労働者から求めがあった場合、通常の労働者との待遇の相違の内容及び理由等について説明すること。【※】

【※】の事項については、母国語その他当該外国人が使用する言語又は平易な日本語を用いる等、理解できる方法により明示するよう努める必要があります。

●安全衛生の確保	
1　安全衛生教育の実施	・安全衛生教育を実施するに当たっては、当該外国人労働者がその内容を理解できる方法により行うこと。特に、使用させる機械等、原材料等の危険性又は有害性及びこれらの取扱方法等が確実に理解されるよう留意すること。【※】
2　労働災害防止のための日本語教育等の実施	・外国人労働者が労働災害防止のための指示等を理解することができるようにするため、必要な日本語及び基本的な合図等を習得させるよう努めること。
3　労働災害防止に関する標識、掲示等	・事業場内における労働災害防止に関する標識、掲示等について、図解等の方法を用いる等、外国人労働者がその内容を理解できる方法により行うよう努めること。
4　健康診断の実施等	・労働安全衛生法等の定めるところにより、健康診断、面接指導、ストレスチェックを実施すること。
5　健康指導及び健康相談の実施	・産業医、衛生管理者等による健康指導及び健康相談を行うよう努めること。
6　母性保護等に関する措置の実施	・女性である外国人労働者に対し、産前産後休業、妊娠中及び出産後の健康管理に関する措置等、必要な措置を講ずること。
7　労働安全衛生法等の周知	・労働安全衛生法等の定めるところにより、その内容について周知を行うこと。その際には、外国人労働者の理解を促進するため必要な配慮をするよう努めること。
●労働・社会保険の適用等	
1　制度の周知及び必要な手続きの履行等	・労働・社会保険に係る法令の内容及び保険給付に係る請求手続等について、外国人労働者が理解できる方法により周知に努めるとともに、被保険者に該当する外国人労働者に係る適用手続等必要な手続をとること。 ・外国人労働者が離職した際、被保険者証を回収するとともに、国民健康保険及び国民年金の加入手続が必要になる場合はその旨を教示するよう努めること。 ・健康保険及び厚生年金保険が適用にならない事業所においては、国民健康保険・国民年金の加入手続について必要な支援を行うよう努めること。 ・労働保険の適用が任意の事業所においては、外国人労働者を含む労働者の希望等に応じ、労働保険の加入の申請を行うこと。

【※】の事項については、母国語その他当該外国人が使用する言語又は平易な日本語を用いる等、理解できる方法により明示するよう努める必要があります。

- 11 -

2　保険給付の請求等についての援助	・外国人労働者が離職する場合には、離職票の交付等、必要な手続を行うとともに、失業等給付の受給に係る公共職業安定所の窓口の教示その他必要な援助を行うよう努めること。 ・労働災害等が発生した場合には、労災保険給付の請求その他の手続に関し、外国人労働者やその家族等からの相談に応ずることとともに、必要な援助を行うよう努めること。 ・外国人労働者が病気、負傷等（労働災害によるものを除く）のため就業することができない場合には、健康保険の傷病手当金が支給され得ることについて、教示するよう努めること。 ・傷病によって障害の状態になったときは、障害年金が支給され得ることについて、教示するよう努めること。 ・公的年金の加入期間が６ヵ月以上の外国人労働者が帰国する場合、帰国後に脱退一時金の支給を請求し得る旨や、請求を検討する際の留意事項について説明し、年金事務所等の関係機関の窓口を教示するよう努めること。
●適切な人事管理、教育訓練、福利厚生等	
1　適切な人事管理	・外国人労働者が円滑に職場に適応できるよう、社内規程等の多言語化等、職場における円滑なコミュニケーションの前提となる環境の整備に努めること。 ・職場で求められる資質、能力等の社員像の明確化、評価・賃金決定、配置等の人事管理に関する運用の透明性・公正性の確保等、多様な人材が適切な待遇の下で能力発揮しやすい環境の整備に努めること。
2　生活支援	・日本語教育及び日本の生活習慣、文化、風習、雇用慣行等について理解を深めるための支援を行うとともに、地域社会における行事や活動に参加する機会を設けるように努めること。 ・居住地周辺の行政機関等に関する各種情報の提供や同行等、居住地域において安心して生活するために必要な支援を行うよう努めること。
3　苦情・相談体制の整備	・外国人労働者の苦情や相談を受け付ける窓口の設置等、体制を整備し、日本における生活上又は職業上の苦情・相談等に対応するよう努めるとともに、必要に応じ行政機関の設ける相談窓口についても教示するよう努めること。
4　教育訓練の実施等	・教育訓練の実施その他必要な措置を講ずるように努めるとともに、母国語での導入研修の実施等働きやすい職場環境の整備に努めること。
5　福利厚生施設	・適切な宿泊の施設を確保するように努めるとともに、給食、医療、教養、文化、体育、レクリエーション等の施設の利用について、十分な機会が保障されるように努めること。

6 帰国及び在留資格の変更等の援助	・在留期間が満了し、在留資格の更新がなされない場合には、雇用関係を終了し、帰国のための手続の相談等を行うよう努めること。 ・外国人労働者が病気等やむを得ない理由により帰国に要する旅費を支弁できない場合には、当該旅費を負担するよう努めること。 ・在留資格の変更等の際は、手続に当たっての勤務時間の配慮等を行うよう努めること。 ・一時帰国を希望する場合には、休暇取得への配慮等必要な援助を行うよう努めること。
7 外国人労働者と共に就労する上で必要な配慮	・日本人労働者と外国人労働者とが、文化、慣習等の多様性を理解しつつ共に就労できるよう努めること。
●解雇等の予防及び再就職の援助	
1 解雇	・事業規模の縮小等を行う場合であっても、外国人労働者に対して安易な解雇を行わないようにすること。
2 雇止め	・外国人労働者に対して安易な雇止めを行わないようにすること。
3 再就職の援助	・外国人労働者が解雇（自己の責めに帰すべき理由によるものを除く。）その他事業主の都合により離職する場合において、当該外国人労働者が再就職を希望するときは、関連企業等へのあっせん、教育訓練等の実施・受講あっせん、求人情報の提供等当該外国人労働者の在留資格に応じた再就職が可能となるよう、必要な援助を行うよう努めること。
4 解雇制限	・外国人労働者が業務上負傷し、又は疾病にかかり療養のために休業する期間等、労働基準法の定めるところにより解雇が禁止されている期間があることに留意すること。
5 妊娠、出産等を理由とした解雇の禁止	・女性である外国人労働者が婚姻し、妊娠し、又は出産したことを退職理由として予定する定めをしてはならないこと。また、妊娠、出産等を理由として解雇その他不利益な取扱いをしてはならないこと。
●労働者派遣又は請負を行う事業主に係る留意事項	
1 労働者派遣	・派遣元事業主は、労働者派遣法を遵守し、適正な事業運営を行うこと。 　・従事する業務内容、就業場所、派遣する外国人労働者を直接指揮命令する者に関する事項等、派遣就業の具体的内容を派遣する外国人労働者に明示する 　・派遣先に対し、派遣する外国人労働者の氏名、雇用保険及び社会保険の加入の有無を通知する　等 ・派遣先は、労働者派遣事業の許可又は届出のない者からは外国人労働者に係る労働者派遣を受けないこと。

2 請負	・請負を行う事業主にあっては、請負契約の名目で実質的に労働者供給事業又は労働者派遣事業を行わないよう、職業安定法及び労働者派遣法を遵守すること。 ・雇用する外国人労働者の就業場所が注文主である他事業主の事業所内である場合には、当該注文主が当該外国人労働者の使用者であるとの誤解を招くことのないよう、当該事業所内で業務の処理の進行管理を行うこと。また、当該事業所内で、雇用労務責任者等に人事管理、生活支援等の職務を行わせること。 ・外国人労働者の希望により、労働契約の期間をできる限り長期のものとし、安定的な雇用の確保に努めること。

●外国人労働者の雇用労務責任者の選任

外国人労働者を常時10人以上雇用するときは、この指針に定める雇用管理の改善等に関する事項等を管理させるため、人事課長等を雇用労務責任者として選任すること。

●外国人労働者の在留資格に応じて講ずべき必要な措置

1 特定技能の在留資格をもって在留する者に関する事項	・出入国管理及び難民認定法等に定める雇用契約の基準や受入れ機関の基準に留意するとともに、必要な届出・支援等を適切に実施すること。
2 技能実習生に関する事項	・「技能実習の適正な実施及び技能実習生の保護に関する基本方針」等の内容に留意し、技能実習生に対し実効ある技能等の修得が図られるように取り組むこと。
3 留学生に関する事項	・新規学卒者等を採用する際、留学生であることを理由として、その対象から除外することのないようにするとともに、企業の活性化・国際化を図るためには留学生の採用も効果的であることに留意すること。 ・新規学卒者等として留学生を採用する場合、当該留学生が在留資格の変更の許可を受ける必要があることに留意すること。 ・インターンシップ等の実施に当たっては、本来の趣旨を損なわないよう留意すること。 ・アルバイト等で雇用する場合には、資格外活動許可が必要であることや資格外活動が原則週28時間以内に制限されていることに留意すること。

この指針の全文は厚生労働省ホームページに掲載しています。

http://www.mhlw.go.jp/bunya/koyou/gaikokujin.html

トップページ　>分野別の政策　>雇用・労働　>雇用　>外国人雇用対策

参考　外国人の雇用に関するQ＆A

●募集・採用時において	
（Q1）外国人を募集したい場合にどのような点に気をつければ良いのでしょうか。	求人の募集の際に、外国人のみを対象とすることや、外国人が応募できないという求人を出すことはできません。国籍を条件とするのではなく、スキルや能力を条件として求人を出すようにし、公正採用選考及び人権上の配慮からも、面接時に「国籍」等の質問は行わないでください。 また、在留資格等の確認においては口頭で行うこととし、採用が決まり次第、在留カード等の提示を求めるようにしてください。
（Q2）面接の結果、外国人を雇用しようと考えていますが、どのような点に気をつければよいのでしょうか。	外国人を雇用する場合は、その外国人が就労可能な在留資格を付与されているか確認する必要があります。 また、採用決定後に在留カード等の提示を求める場合には、個人情報であることに十分留意していただいた上で、確認することとしてください。 なお、「特別永住者」（在日韓国・朝鮮人等）の方は、外国人雇用状況の届出制度の対象外です。
●外国人雇用状況の届出について	
（Q3）雇入れの際、氏名や言語などから、外国人であるとは判断できず、在留資格などの確認・届け出をしなかった場合、どうなりますか。	在留資格などの確認は、通常の注意力をもって、雇い入れようとする人が外国人であると判断できる場合に行ってください。氏名や言語によって、その人が外国人であると判断できなかったケースであれば、確認・届け出をしなかったからといって、法違反を問われることにはなりません。
（Q4）外国人であると容易に判断できるのに届け出なかった場合、罰則の対象になりますか。	指導、勧告の対象になるとともに、30万円以下の罰金の対象とされています。
（Q5）短期のアルバイトで雇い入れた外国人の届け出は必要ですか。	必要です。雇入れ日と離職日の双方を記入して、まとめて届出を行うことが可能です。
（Q6）届出期限内に同一の外国人を何度か雇い入れた場合、複数回にわたる雇入れ・離職をまとめて届け出ることはできますか。	可能です。届出様式は、雇入れ・離職日を複数記入できるようになっていますので、それぞれの雇入れ・離職日を記入して提出してください。
（Q7）留学生が行うアルバイトも届け出の対象となりますか。	対象となります。届け出に当たっては、資格外活動許可を得ていることも確認してください。
●社会保険などについて	
（Q8）外国人を雇用した場合、労働保険や社会保険に加入させなければいけませんか。	労働保険や社会保険については、国籍に関わらず適用になります。

参考　外国人雇用管理アドバイザーのご案内

外国人労働者の雇用管理に関する相談について、外国人雇用管理アドバイザーが無料でご相談を承ります。詳しくは、事業所の所在地を管轄するハローワークへお問い合わせください。

ご相談時の主なアドバイス内容

○労務管理、労働条件において、日本人と同じように対応しているかについて
○外国人労働者の日本語能力に対応した職場作りについて
○職場環境、生活環境への配慮について

参考　在留資格一覧表

※在留資格ごとに在留期間が定められています（平成31年4月1日現在）

●就労目的で在留が認められる外国人

これらの外国人は、各在留資格に定められた範囲で報酬を受ける活動が可能です。

在留資格	日本において行うことができる活動	在留期間	該当例
教授	日本の大学若しくはこれに準ずる機関又は高等専門学校において研究、研究の指導又は教育をする活動	5年、3年、1年又は3月	大学教授等
芸術	収入を伴う音楽、美術、文学その他の芸術上の活動（この表の興行の項に掲げる活動を除く）	5年、3年、1年又は3月	作曲家、画家、著述家等
宗教	外国の宗教団体により日本に派遣された宗教家の行う布教その他の宗教上の活動	5年、3年、1年又は3月	外国の宗教団体から派遣される宣教師等
報道	外国の報道機関との契約に基づいて行う取材その他の報道上の活動	5年、3年、1年又は3月	外国の報道機関の記者、カメラマン
高度専門職1号・2号	日本の公私の機関との契約に基づいて行う研究、研究の指導又は教育をする活動、日本の公私の機関との契約に基づいて行う　自然科学又は人文科学の分野に属する知識又は技術を要する業務に従事する活動、日本の公私の機関において貿易その他の事業の経営を行い又は管理に従事する活動など	5年（1号）又は無期限（2号）	ポイント制による高度人材
経営・管理	日本において貿易その他の事業の経営を行い又は当該事業の管理に従事する活動（この表の法律・会計業務の項に掲げる資格を有しなければ法律上行うことが出来ないとされている事業の経営又は管理に従事する活動を除く）	5年、3年、1年、4月又は3月	企業等の経営者・管理者
法律・会計業務	外国法事務弁護士、外国公認会計士その他法律上資格を有する者が行うこととされている法律又は会計に係る業務に従事する活動	5年、3年、1年又は3月	弁護士、公認会計士等
医療	医師、歯科医師その他法律上資格を有する者が行うこととされている医療に係る業務に従事する活動	5年、3年、1年又は3月	医師、歯科医師、看護師
研究	日本の公私の機関との契約に基づいて研究を行う業務に従事する活動（この表の教授の項に掲げる活動を除く）	5年、3年、1年又は3月	政府関係機関や私企業等の研究者
教育	日本の小学校、中学校、高等学校、中等教育学校、盲学校、聾学校、養護学校、専修学校又は各種学校若しくは設備及び編制に関してこれに準ずる教育機関において語学教育その他の教育をする活動	5年、3年、1年又は3月	中学校・高等学校等の語学教師等
技術・人文知識・国際業務	日本の公私の機関との契約に基づいて行う理学、工学その他の自然科学の分野若しくは、法律学、経済学、社会学その他の人文科学の分野に属する技術若しくは知識を要する業務又は外国の文化に基盤を有する思考若しくは感受性を必要とする業務に従事する活動（この表の教授、芸術、報道、経営・管理、法律・会計業務、医療、研究、教育、企業内転勤、興行の項に掲げる活動を除く）	5年、3年、1年又は3月	機械工学等の技術者、通訳、デザイナー、私企業の語学教師、マーケティング業務従事者等
企業内転勤	日本に本店、支店その他の事業所のある公私の機関の外国にある事業所の職員が日本にある事業所に期間を定めて転勤して当該事業所において行うこの表の技術・人文知識・国際業務の項に掲げる活動	5年、3年、1年又は3月	外国の事業所からの転勤者
介護	日本の公私の機関との契約に基づいて介護福祉士の資格を有する者が介護又は介護の指導を行う業務に従事する活動	5年、3年、1年又は3月	介護福祉士
興行	演劇、演芸、演奏、スポーツ等の興行に係る活動又はその他の芸能活動（この表の経営・管理の項に掲げる活動を除く）	3年、1年、6月、3月又は15日	俳優、歌手、ダンサー、プロスポーツ選手等
技能	日本の公私の機関との契約に基づいて行う産業上の特殊な分野に属する熟練した技能を要する業務に従事する活動	5年、3年、1年又は3月	外国料理の調理師、スポーツ指導者、航空機の操縦者、貴金属等の加工職人等
特定技能1号・2号	日本の公私の機関との契約に基づいて行う特定産業分野（介護、ビルクリーニング、素形材産業、産業機械製造業、電気・電子情報関連産業、建設、造船・舶用工業、自動車整備、航空、宿泊、農業、漁業、飲食料品製造業、外食業）に属する相当程度の知識若しくは経験を必要とする技能を要する業務（1号）又は熟練した技能を要する業務（2号）に従事する活動	3年（2号）、1年、6月又は4月（1号）	特定産業分野（左記14分野（2号は建設、造船・舶用工業のみ））の各業務従事者

- 16 -

●身分に基づき在留する者

これらの在留資格は在留中の活動に制限がないため、さまざまな分野で報酬を受ける活動が可能です。

在留資格	日本において行うことができる活動	在留期間	該当例
永住者	法務大臣が永住を認める者	無期限	法務大臣から永住の許可を受けた者（入管特例法の「特別永住者」を除く）
日本人の配偶者等	日本人の配偶者若しくは民法（明治二十九年法律第八十九号）第八百十七条の二の規定による特別養子又は日本人の子として出生した者	5年、3年、1年又は6月	日本人の配偶者・実子・特別養子
永住者の配偶者等	永住者の在留資格をもつて在留する者若しくは特別永住者（以下「永住者等」と総称する）の配偶者又は永住者等の子として日本で出生しその後引き続き日本に在留している者	5年、3年、1年又は6月	永住者・特別永住者の配偶者及び我が国で出生し引き続き在留している実子
定住者	法務大臣が特別な理由を考慮し一定の在留期間を指定して居住を認める者	5年、3年、1年、6月又は法務大臣が個々に指定する期間（5年を超えない範囲）	日系3世等

●その他の在留資格

在留資格	在留資格の概要	在留期間
技能実習	研修・技能実習制度は、日本で開発され培われた技能・技術・知識の開発途上国等への移転等を目的として創設されたもので、研修生・技能実習生の法的保護及びその法的地位の安定化を図るため、改正入管法（平成22年7月1日施行）により、従来の特定活動から在留資格「技能実習」が新設されました。	法務大臣が個々に指定する期間（2年を超えない範囲）
特定活動 ＥＰＡに基づく外国人看護師・介護福祉士候補者、ワーキングホリデー など	「特定活動」の在留資格で日本に在留する外国人は、個々の許可の内容により報酬を受ける活動の可否が決定します。 ※届出の際は旅券に添付された指定書により具体的な類型を確認の上、記載してください（P6※2を参照して下さい）。	5年、4年、3年、2年、1年、6月、3月又は法務大臣が個々に指定する期間（5年を超えない範囲）

●就労活動が認められていない在留資格

留学、家族滞在などの在留資格は就労活動が認められていません。

～就労が認められるためには資格外活動許可が必要です～
出入国在留管理庁により、本来の在留資格の活動を阻害しない範囲内（1週間当たり28時間以内など）で、相当と認められる場合に報酬を受ける活動が許可されます。
（例：留学生や家族滞在者のアルバイトなど）

※在留資格については、法務省地方出入国在留管理局へお問い合わせください。

参考　高度人材に対するポイント制について

ポイント制とは高度人材（就労が認められている外国人のうち、高度な資質・能力を有すると認められる外国人）の受入れを促進するため、高度人材に対しポイント制を活用した出入国管理上の優遇措置を与える制度です。

制度の詳しい内容は法務省出入国在留管理庁のホームページを参照してください。

参考 外国人雇用サービスセンター・留学生コーナー一覧

外国人雇用サービスセンターや留学生の多い地域の新卒応援ハローワークに設置している留学生コーナーでは、専門的・技術的分野の外国人や外国人留学生を積極的に採用したい事業主の方からのご相談に無料で応じておりますので、ご活用ください。

専門的・技術的分野の外国人、留学生の採用に関するご相談

外国人雇用サービスセンター		所在地	電話番号
東京	東京外国人雇用サービスセンター	〒163-0721 新宿区西新宿2-7-1 小田急第一生命ビル21階	03-5339-8625
愛知	名古屋外国人雇用サービスセンター	〒460-0003 名古屋市中区錦2-14-25 ヤマイチビル8階	052-855-3770
大阪	大阪外国人雇用サービスセンター	〒530-0017 大阪市北区角田町8−47阪急グランドビル16階	06-7709-9465
福岡	福岡外国人雇用サービスセンター	〒810-0001　※2019年8月開設予定 福岡市中央区天神1-4-2エルガーラオフィス12階	092-716-8608

留学生の採用に関するご相談

新卒応援ハローワーク（留学生コーナー）		所在地	電話番号
北海道	札幌新卒応援ハローワーク	〒060-0721 札幌市中央区北4条西5丁目大樹生命札幌共同ビル5階	011-200-9923
宮城	仙台新卒応援ハローワーク	〒980-8485 仙台市青葉区中央1-2-3仙台マークワン12階	022-726-8055
茨城	土浦新卒応援ハローワーク	〒300-0805 土浦市宍塚1838土浦労働総合庁舎2階	029-822-5124 （32#）
埼玉	埼玉新卒応援ハローワーク	〒330-0854 さいたま市大宮区桜木町1-9-4エクセレント大宮ビル6階	048-650-2234
千葉	千葉新卒応援ハローワーク	〒261-0001 千葉市美浜区幸町1-1-3	043-242-1181 （45#）
千葉	まつど新卒応援ハローワーク	〒271-0092 松戸市松戸1307-1松戸ビル3階	047-367-8609 （48#）
東京	東京新卒応援ハローワーク	〒163-0721 新宿区西新宿2-7-1 小田急第一生命ビル21階	03-5339-8609
神奈川	横浜新卒応援ハローワーク	〒220-0004 横浜市西区北幸1-11-15 横浜STビル16階	045-312-9206
新潟	新潟新卒応援ハローワーク	〒950-0901 新潟市中央区弁天2-2-18新潟KSビル2階	025-241-8609
石川	金沢新卒応援ハローワーク	〒920-0935 金沢市石引4-17-1石川県本多の森庁舎1階	076-261-9453
静岡	静岡新卒応援ハローワーク	〒422-8067 静岡市駿河区南町14-1水の森ビル9階	054-654-3003
愛知	愛知新卒応援ハローワーク	〒460-0003 名古屋市中区錦2-14-25ヤマイチビル9階	052-855-3750
三重	みえ新卒応援ハローワーク	〒514-0009 三重県津市羽所町700アスト津3階	059-229-9591
京都	京都新卒応援ハローワーク	〒601-8047 京都市南区東九条下殿田町70京都テルサ西館3階	075-280-8614
大阪	大阪新卒応援ハローワーク	〒530-0017 大阪市北区角田町8-47阪急グランドビル18階	06-7709-9455
兵庫	神戸新卒応援ハローワーク	〒650-0044 神戸市中央区東川崎町1-1-3神戸クリスタルタワー12階	078-361-1151
岡山	おかやま新卒応援ハローワーク	〒700-0901 岡山市北区本町6-36 第1セントラルビル7階	086-222-2904
広島	広島新卒応援ハローワーク	〒730-0011 広島市中区基町12-8宝ビル6階	082-224-1120
香川	高松新卒応援ハローワーク	〒760-0054 高松市常盤町1-9-1しごとプラザ高松内	087-834-8609
福岡	福岡新卒応援ハローワーク	〒810-0001 福岡市中央区天神1-4-2エルガーラオフィス12階	092-716-8608
長崎	長崎新卒応援ハローワーク	〒852-8108 長崎市川口町13-1長崎西洋館3階	095-819-9000

ご不明な点などは、最寄りの都道府県労働局又はハローワークへ
お気軽にお問い合わせください。

⑤ リーフレット「外国人労働者を雇用する事業主のみなさまへ」

外国人労働者を雇用する事業主のみなさまへ

外国人労働者に対する安全衛生教育には、適切な配慮をお願いします。

近年、外国人労働者の増加に伴い、外国人の労働災害も増加傾向にあり、平成27年以降は**毎年2,000件を超えています。**

外国人労働者は一般的に、日本の労働慣行や日本語に習熟していません。外国人に安全衛生教育を実施する際などには、**適切な工夫を施して、作業手順や安全のためのルールをしっかりと理解してもらいましょう。**

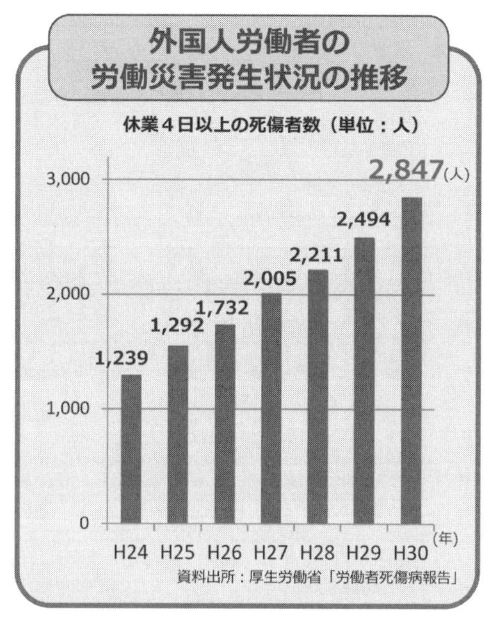

外国人労働者のための 安全衛生教育等自主点検表			☑
1	安全衛生教育の実施	安全衛生教育を実施していますか。 （雇入れ時又は作業内容を変更した時など）	□
2	作業手順の理解	母国語など外国人労働者にわかる言語で説明するなど、作業手順を理解させていますか。	□
3	指示・合図の理解	労働災害防止のための指示などを理解できるように、必要な日本語や基本的な合図を習得させていますか。	□
4	標識・掲示の理解	労働災害防止のための標識、掲示などについて、図解等の工夫でわかりやすくしていますか。	□
5	免許・資格の所持	免許を受けたり、技能講習を修了することが必要な業務に、無資格のままで従事させていませんか。	□

！労働災害が発生してしまったときは…

労働災害等により労働者が死亡または休業した場合には、遅滞なく、労働者死傷病報告等を労働基準監督署長に提出しなければなりません（次ページを参照してください）。
（報告しなかったり、虚偽の報告をした場合、刑事責任が問われることがあります。）

厚生労働省・都道府県労働局・労働基準監督署

外国人労働者の労働災害が発生してしまったときは
労働者死傷病報告の提出が必要です！

外国人労働者の労働者死傷病報告を提出する際には、被災者の「国籍・地域」と「在留資格」を忘れずに記入してください。

記入方法については、右ページを参照してください。

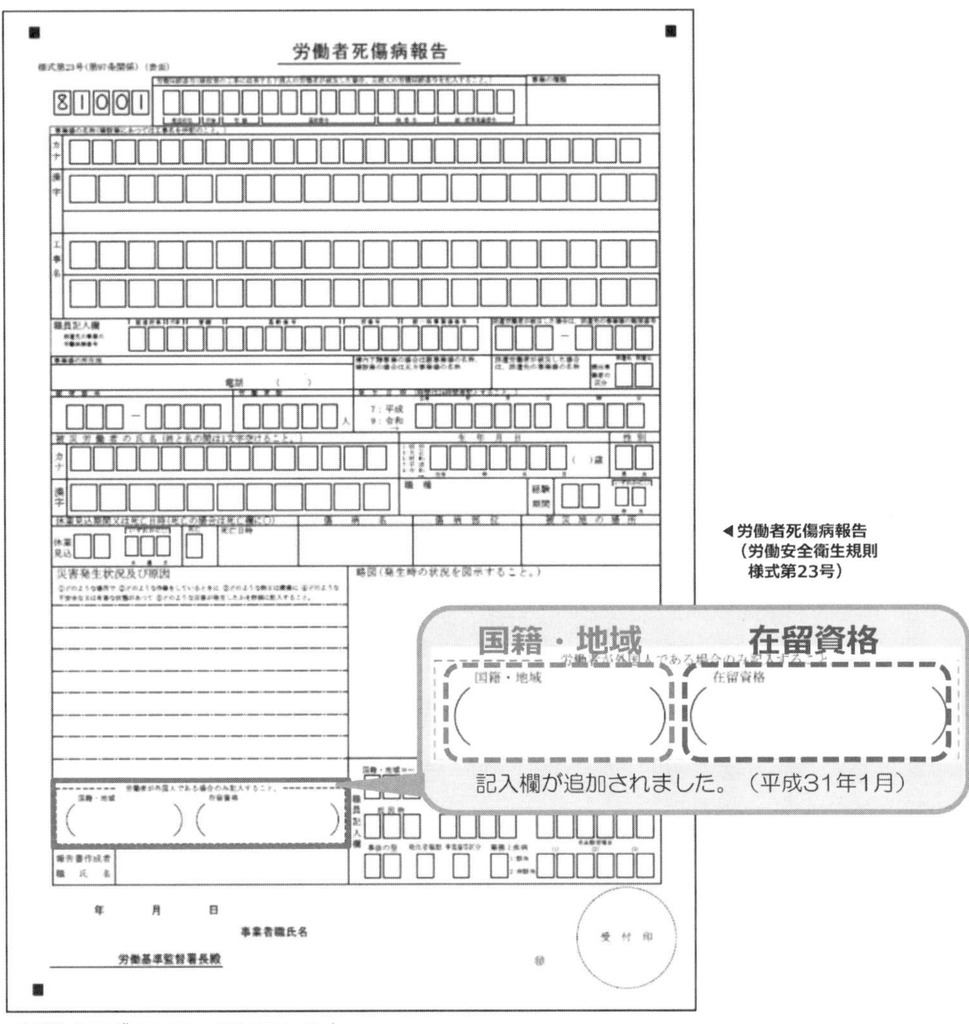

労働者死傷病報告

81001

カナ

漢字

工事名

電話

災害発生状況及び原因

略図（発生時の状況を図示すること。）

国籍・地域 （　　） 在留資格 （　　）

報告書作成者職氏名

年　月　日

事業者職氏名

労働基準監督署長殿

受付印

◀労働者死傷病報告
（労働安全衛生規則様式第23号）

新様式のダウンロードはこちら↓
https://www.mhlw.go.jp/bunya/roudoukijun/anzeneisei36/17.html

※ 在留カードなどのコピーを労働基準監督署に提出する必要はありません。
※ 「特別永住者」（在日韓国・朝鮮人等）など、外国人雇用状況の届出制度の対象外となっている方については、「国籍・地域」および「在留資格」への記入の必要はありません。

★ 記入方法

★ 在留カードまたは旅券(パスポート)上の「国籍・地域」欄を転記してください。

★ 在留カードまたは旅券(パスポート)上の上陸許可証印に記載されている「在留資格」欄の内容を、そのまま転記してください。

★ 在留資格が「特定技能」または「特定活動」の場合

在留資格が「特定技能1号」、「特定技能2号」の場合には分野を、
在留資格が「特定活動」の場合には活動類型を、
旅券に添付されている指定書（右参照）でそれぞれ確認し、
下表のうちいずれかを、在留資格欄に記入してください。

特定技能の分野	・特定技能１号（介護） ・特定技能１号（ビルクリーニング） ・特定技能１号（素形材産業） ・特定技能１号（産業機械製造業） ・特定技能１号（電気・電子情報関連産業） ・特定技能１号（建設） ・特定技能１号（造船・舶用工業） ・特定技能１号（自動車整備）	・特定技能１号（航空） ・特定技能１号（宿泊） ・特定技能１号（農業） ・特定技能１号（漁業） ・特定技能１号（飲食料品製造業） ・特定技能１号（外食業） ・特定技能２号（建設） ・特定技能２号（造船・舶用工業）
特定活動の活動類型	・特定活動（ワーキングホリデー） ・特定活動（ＥＰＡ） ・特定活動（高度学術研究活動） ・特定活動（高度専門・技術活動） ・特定活動（高度経営・管理活動） ・特定活動（高度人材の就労配偶者） ・特定活動（建設分野） ・特定活動（造船分野）	・特定活動（外国人調理師） ・特定活動（ハラール牛肉生産） ・特定活動（製造分野） ・特定活動（家事支援） ・特定活動（就職活動） ・特定活動（農業） ・特定活動（日系４世） ・特定活動（その他）

★ 在留資格が「技能実習」の場合

在留資格が「技能実習」の場合には、区分までそのまま転記してください。
（例）技能実習1号イ　など

外国人労働者向け安全衛生教育用資料をご活用ください。

未熟練労働者に対する安全衛生教育マニュアル（製造業向け）
（英・中・ポルトガル・スペイン）
https://www.mhlw.go.jp/stf/seisakunitsuite/bunya/0000118557.html

外国人建設就労者に対する安全衛生教育
（英・中・ベトナム・インドネシア）
https://www.mhlw.go.jp/stf/newpage_02443.html

外国人造船就労者に対する安全衛生教育
（英・中・ベトナム・インドネシア・タガログ）
https://www.mhlw.go.jp/stf/newpage_00863.html

外国人労働者向け視聴覚教材（木造建築）（無言語）
http://anzeninfo.mhlw.go.jp/information/kyozaishiryo.html

厚生労働省では、引き続き外国語資料を作成していきます。
https://www.mhlw.go.jp/stf/seisakunitsuite/bunya/0000186714.html

外国人労働者の雇用管理の改善等に関して事業主が適切に対処するための指針（外国人雇用管理指針）

外国人雇用管理指針では、**事業主が外国人労働者の安全衛生を確保するために行うべき事項**を、下表のとおり定めています。（抜粋）

安全衛生教育の実施	労働安全衛生法等の定めるところにより外国人労働者に対し安全衛生教育を実施するに当たっては、母国語等（※）を用いる、視聴覚教材を用いる等、当該外国人労働者がその内容を理解できる方法により行うこと。特に、外国人労働者に使用させる機械等、原材料等の危険性又は有害性及びこれらの取扱方法等が確実に理解されるよう留意すること。
労働災害防止のための日本語教育等の実施	外国人労働者が労働災害防止のための指示等を理解することができるようにするため、必要な日本語及び基本的な合図等を習得させるよう努めること。
労働災害防止に関する標識、掲示等	事業場内における労働災害防止に関する標識、掲示等について、図解等の方法を用いる等、外国人労働者がその内容を理解できる方法により行うよう努めること。
健康診断の実施等	労働安全衛生法等の定めるところにより外国人労働者に対して健康診断、面接指導及び心理的な負担の程度を把握するための検査を実施すること。実施に当たっては、これらの目的・内容を、母国語等（※）を用いる等、当該外国人労働者が理解できる方法により説明するよう努めること。また、外国人労働者に対しこれらの結果に基づく事後措置を実施するときは、その結果並びに事後措置の必要性及び内容を当該外国人労働者が理解できる方法により説明するよう努めること。
健康指導及び健康相談の実施	産業医、衛生管理者等を活用して外国人労働者に対して健康指導及び健康相談を行うよう努めること。
労働安全衛生法等の周知	労働安全衛生法等の定めるところにより、その内容について周知すること。その際には、分かりやすい説明書を用いる、母国語等（※）を用いて説明する等、外国人労働者の理解を促進するため必要な配慮をするよう努めること。

※母国語等…母国語その他当該外国人が使用する言語又は平易な日本語

この指針の全文や外国人雇用のルール全般については、厚生労働省ホームページに掲載しています。
https://www.mhlw.go.jp/stf/seisakunitsuite/bunya/koyou_roudou/koyou/gaikokujin/index.html

2019.6

⑥「建設作業員の安全」（ベトナム語版）

（出典）建設業振興基金ホームページ

作業所で働く心構え

1	雇入れ時教育・送り出し教育・新規入場時教育を必ず受け、その教育内容・ルールを遵守する	資料1
2	自分は、だれの指示で作業を行うのか、職長・作業責任者を確認する	資料1
3	朝礼・安全常会・KY 活動・SS－5に毎日参加する	資料2
4	保護具の装着を忘れない	資料3
5	資格証を携帯する	資料3
6	危険な場所では絶対作業をしない。近づかない	資料4
7	安全施設を無断で絶対取り外さない	資料5
8	体調が悪くなったら（万一ケガをしたら）すぐ職長に報告する	資料6
9	廃棄物の分別などの環境活動のルールを守る	資料7
10	こんな人が事故・災害をおこします	資料8

※全作業員に上記の1～10すべての項目を教育してください

NHỮNG ĐIỀU MÀ CÁC CÔNG NHÂN LÀM VIỆC TẠI CÔNG TRƯỜNG CẦN GHI NHỚ

1 Phải tham dự các khóa học khi tuyển nhận, khóa học khi biệt phái công tác, khóa học khi lần đầu vào công trường. Phải tuân thủ nghiêm túc các quy định, nội dung của các khóa học đó .... **Tài liệu 1**

2 Phải xác nhận xem tổ trưởng hoặc người phụ trách công việc củamình là ai, mình nhận chỉ thị của ai để làm việc .... **Tài liệu 1**

3 Tham gia hàng ngày các buổi họp sáng, họp an toàn thường lệ, hoạt động KY (dự đoán nguy hiểm), SS-5 .... **Tài liệu 2**

4 Không được quên sử dụng trang bị bảo hộ lao động .... **Tài liệu 2**

5 Luôn mang theo bên mình chứng chỉ (bằng cấp) .... **Tài liệu 3**

6 Tuyệt đối không đến gần hoặc làm việc tại những nơi nguy hiểm .... **Tài liệu 4**

7 Tuyệt đối không được tự ý tháo gỡ trang thiết bị an toàn .... **Tài liệu 5**

8 Khi cảm thấy không được khỏe (hoặc lỡ bị tai nạn), hãy báo ngay cho tổ trưởng .... **Tài liệu 6**

9 Tuân thủ các quy định trong hoạt động bảo vệ môi trường như phân loại rác v.v. .... **Tài liệu 7**

10 Những người như thế này sẽ gây ra tai nạn, hỏa hoạn .... **Tài liệu 8**

* Hãy giáo dục cho toàn thể nhân viên tất cả các mục từ **1** đến **10** ở trên.

安全教育をしっかり受けて、自分の職長・作業責任者を確認する

自分も仲間もケガなどをしないようしっかり安全教育を受けて、安全作業の心構えを持とう

現場での仕事のキーマンは職長・作業責任者です

職長・作業責任者は、皆さんを代表して元請や他職との打合せや調整を行って、自分たちの仕事が安全でスムーズにできるように常に心配りをしています

自分の職長・作業責任者は誰なのかを確認し、職長・作業責任者の指揮のもとに、皆さん全員が力を合わせて立派な工事を仕上げましょう

NGHIÊM TÚC LẮNG NGHE SỰ HƯỚNG DẪN VỀ GIÁO DỤC AN TOÀN, XÁC NHẬN NGƯỜI TỔ TRƯỞNG, NGƯỜI PHỤ TRÁCH PHÂN CÔNG LAO ĐỘNG.

Hãy nhiệt tình tham dự các khóa học an toàn

để không gây ra tai nạn cho mình và đồng nghiệp, chú ý an toàn thi công.

Người lãnh đạo ở hiện trường là tổ trưởng hoặc người phụ trách công việc. Tổ trưởng hoặc người phụ trách công việc là người đại diện cho các bạn để họp bàn, điều độ với bên bàn giao công tác và các tổ khác, thường xuyên để tâm suy nghĩ để hoàn thành công việc của tổ mình một cách suôn sẻ, an toàn. Hãy xác định ai là tổ trưởng hoặc người phụ trách công việc của mình. Dưới sự chỉ đạo của tổ trưởng hoặc người phụ trách công việc, tất cả các bạn hãy làm hết sức mình để hoàn thành xuất sắc công tác được giao.

❼ 雇用契約書・雇用条件書（ベトナム語版）

参考様式第1-14号（規則第8条第13号関係）ベトナム語
Mẫu tham khảo số 1-14 (Theo Điều 8 Khoản 13 Nội quy) Tiếng Việt
A・B・C・D・E・F

（日本工業規格A列4）
(Tiêu chuẩn công nghiệp Nhật Bản A4)

技 能 実 習 の た め の 雇 用 契 約 書

HỢP ĐỒNG LAO ĐỘNG CHO THỰC TẬP KỸ NĂNG

実習実施者＿＿＿＿＿＿＿＿＿＿＿＿＿＿（以下「甲」という。）と
Người tổ chức thực hiện thực tập kỹ năng: .... (Dưới đây gọi là “Bên A”.) và

技能実習生（候補者を含む。）＿＿＿＿＿＿＿＿＿＿＿＿＿＿（以下「乙」という。）は、
Thực tập sinh kỹ năng (Bao gồm cả người dự kiến): .... (Dưới đây gọi là “Bên B”.)

別添の雇用条件書に記載された内容に従い、雇用契約を締結する。
Ký kết Hợp đồng lao động dựa trên nội dung được ghi chép trong Bản điều kiện lao động kèm theo.

本雇用契約は、乙が、在留資格「技能実習第1号」により本邦に入国して、技能等に係る業務に従事する活動を開始する時点をもって効力を生じるものとする。
Hợp đồng lao động này có hiệu lực từ thời điểm Bên B nhập cảnh vào Nhật Bản với tư cách lưu trú là “Thực tập kỹ năng (1)” và bắt đầu hoạt động học kỹ năng theo tư cách lưu trú đó.

雇用条件書に記載の雇用契約期間（雇用契約の始期と終期）は、乙の入国日が入国予定日と相違した場合には、実際の入国日に伴って変更されるものとする。
Trong trường hợp ngày nhập cảnh thực tế của Bên B khác với ngày dự kiến thì thời hạn Hợp đồng lao động ghi trong bản Điều kiện lao động (thời hạn bắt đầu và thời hạn kết thúc Hợp đồng lao động) sẽ được điều chỉnh theo ngày nhập cảnh thực tế.

なお、乙が何らかの事由で在留資格を喪失した時点で雇用契約は終了するものとする。
Ngoài ra, Hợp đồng lao động sẽ kết thúc tại thời điểm Bên B mất tư cách lưu trú vì bất cứ lý do nào.

雇用契約書及び雇用条件書は2部作成し、甲乙それぞれが保有するものとする。
Hợp đồng lao động và bản Điều kiện lao động được làm thành 2 (hai) bản mỗi bộ, Bên A và Bên B mỗi bên giữ mỗi bộ 1 (một) bản.

年　　月　　日　締結
Ký kết Năm　　Tháng　　Ngày

甲 ＿＿＿＿＿＿＿＿＿＿＿＿ ㊞　　乙 ＿＿＿＿＿＿＿＿＿＿＿＿
Bên A　　(Đóng dấu)　　Bên B

（実習実施者名・代表者役職名・氏名・捺印）
(Tên tổ chức thực hiện thực tập kỹ năng-
Tên và chức vụ người đại diện-Đóng dấu)

（技能実習生の署名）
(Chữ ký của thực tập sinh kỹ năng)

参考様式第1-15号（規則第8条第13号関係　ベトナム語　　　　　　　　　（日本工業規格A列4）
Mẫu tham khảo số 1-15 (Theo Điều 8 Khoản 13 Nội quy) Tiếng Việt　　　　　　(Tiêu chuẩn công nghiệp Nhật Bản A4)
A・B・C・D・E・F

雇　用　条　件　書

BẢN ĐIỀU KIỆN LAO ĐỘNG

年　月　日
Năm　Tháng　Ngày

______________________ 殿
Kính gửi: Anh/Chị

実習実施者名 ______________________
Tên tổ chức thực hiện Thực tập kỹ năng
所在地 ______________________
Địa chỉ
電話番号 ______________________
Số điện thoại

代表者　役職・氏名 ______________________ ㊞
Họ tên và chức vụ người đại diện　(Đóng dấu)

I. 雇用契約期間
Thời hạn hợp đồng lao động

1．雇用契約期間
Thời hạn hợp đồng lao động
（　年　月　日～　年　月　日）　　入国予定日　年　月　日
(Từ Năm　Tháng　Ngày　đến　Năm　Tháng　Ngày　)　　Ngày dự kiến nhập cảnh Năm　Tháng　Ngày

2．契約の更新の有無
Có gia hạn hợp đồng hay không
□ 契約の更新はしない　　□ 原則として更新する
Không gia hạn hợp đồng　　Về nguyên tắc có gia hạn
※ 会社の経営状況が著しく悪化した場合等には、契約を更新しない場合がある。
(Hợp đồng có thể không được gia hạn do kết quả kinh doanh của công ty giảm sút nghiêm trọng, v.v...)

II. 就業（技能実習）の場所
Nơi làm việc (thực tập kỹ năng)

III. 従事すべき業務（職種及び作業）の内容
Nội dung công việc yêu cầu (Loại ngành nghề và công việc)

IV. 労働時間等
Thời gian lao động, v.v…

1．始業・終業の時刻等
Thời gian bắt đầu và kết thúc công việc, v.v…

(1) 始業（ 時 分） 終業（ 時 分） （１日の所定労働時間数 時間 分）
Bắt đầu (giờ phút) Kết thúc (giờ phút) (Số giờ lao động quy định cho 1 ngày giờ phút)

(2) 【次の制度が労働者に適用される場合】
[Trường hợp những chế độ sau được áp dụng cho người lao động]

□ 変形労働時間制：（ ）単位の変形労働時間制
Chế độ giờ lao động thay đổi: Chế độ giờ lao động thay đổi theo đơn vị ( )

※ １年単位の変形労働時間制を採用している場合には、母国語併記の年間カレンダーの写し及び労働基準監督署へ届け出た変形労働時間制に関する協定書の写しを添付する。
Trường hợp áp dụng chế độ giờ lao động thay đổi theo đơn vị 1 năm thì phải đính kèm bản sao Lịch lao động cả năm ghi bằng cả tiếng mẹ đẻ của thực tập sinh và bản sao Thỏa thuận về chế độ giờ lao động thay đổi đã đăng ký với cơ quan giám sát tiêu chuẩn lao động.

□ 交代制として、次の勤務時間の組合せによる。
Chế độ thay ca được tính theo thời gian lao động sau:

始業（ 時 分） 終業（ 時 分） （適用日 、１日の所定労働時間 時間 分）
Bắt đầu (giờ phút) Kết thúc(giờ phút) (Ngày áp dụng , Số giờ lao động quy định trong 1 ngày giờ phút)
始業（ 時 分） 終業（ 時 分） （適用日 、１日の所定労働時間 時間 分）
Bắt đầu (giờ phút) Kết thúc(giờ phút) (Ngày áp dụng , Số giờ lao động quy định trong 1 ngày giờ phút)
始業（ 時 分） 終業（ 時 分） （適用日 、１日の所定労働時間 時間 分）
Bắt đầu (giờ phút) Kết thúc (giờ phút) (Ngày áp dụng , Số giờ lao động quy định trong 1 ngày giờ phút)

2．休憩時間 （ ）分
Thời gian nghỉ giải lao ( ) phút

3．１か月の所定労働時間数 時間 分 （年間総所定労働時間数 時間）
Số giờ lao động quy định trong một tháng giờ phút (Tổng số giờ lao động quy định trong năm giờ)

4．年間総所定労働日数 （１年目 日、２年目 日、３年目 日、４年目 日、５年目 日）
Tổng số ngày lao động quy định trong năm (Năm thứ 1_ ngày, Năm thứ 2:___ngày, Năm thứ 3:__ngày, Năm thứ 4:__ngày, Năm thứ 5:__ngày)

5．所定時間外労働の有無 □ 有 □ 無
Lao động ngoài giờ quy định: Có Không

○詳細は、就業規則 第 条～第 条、第 条～第 条、第 条～第 条
* Cụ thể tham khảo ở Nội quy lao động: Điều__ đến Điều__, Điều___ đến Điều___, Điều___ đến Điều___

V. 休日 Ngày nghỉ

・定例日：毎週 曜日、日本の国民の祝日、その他（ ） （年間合計休日日数 日）
Ngày định kì: Thứ___hàng tuần, Ngày nghỉ lễ của Nhật Bản, ngày khác ( ) (Số ngày nghỉ trong năm: ___ngày)
・非定例日：週・月当たり 日、その他（ ）
Ngày không định kì: ___ngày mỗi tuần/tháng, ngày khác ( )

○詳細は、就業規則 第 条～第 条、第 条～第 条
Cụ thể tham khảo ở Nội quy lao động: Điều__ đến Điều__, Điều___ đến Điều___

VI. 休暇 Nghỉ phép

1．年次有給休暇 ６か月継続勤務した場合→ 日
Nghỉ phép có lương trong năm: Trường hợp làm việc liên tục 6 tháng →___ ngày
継続勤務６か月未満の年次有給休暇（□ 有 □ 無） → か月経過で 日
Làm việc liên tục dưới 6 tháng có được nghỉ phép có lương không (Có Không) → Làm việc liên tục __tháng, được nghỉ___ngày

2．その他の休暇 有給（ ） 無給（ ）
Những ngày nghỉ khác: Có lương ( ) Không lương ( )

○詳細は、就業規則 第 条～第 条、第 条～第 条
* Cụ thể tham khảo ở Nội quy lao động: Điều__ đến Điều__, Điều___ đến Điều___

VII. 賃金 Tiền lương

1．基本賃金　□ 月給（　　　円）　□ 日給（　　　円）　□ 時間給（　　　円）

Lương cơ bản Lương tháng(　　　Yên) Lương ngày (　　　Yên) Lương giờ (　　　Yên)

※詳細は別紙のとおり Cụ thể như văn bản kèm theo

2．諸手当（時間外労働の割増賃金は除く）

Các loại phụ cấp (Không kể lương làm ngoài giờ)

(　　　手当、　　　手当、　　　手当)

(Phụ cấp__________, Phụ cấp____________, Phụ cấp___________)

※詳細は別紙のとおり Cụ thể như văn bản kèm theo

3．所定時間外、休日又は深夜労働に対して支払われる割増賃金率

Tỷ lệ lương khi làm việc ngoài giờ quy định, trong ngày nghỉ hay vào đêm khuya

(a) 所定時間外　法定超月60時間以内　(　　　) %

Làm việc ngoài giờ quy định: Trường hợp vượt quá trong vòng 60 giờ/tháng so với quy định của pháp luật(　　)%

法定超月60時間超　(　　　) %

Trường hợp vượt quá 60 giờ/tháng so với quy định của pháp luật (　　)%

所定超　(　　　) %

Trường hợp vượt quá giờ lao động do công ty quy định (　　)%

(b) 休日　法定休日　(　　　) %、　法定外休日　(　　　) %

Lao động trong ngày nghỉ: Trường hợp ngày nghỉ do pháp luật quy định (　　)%, Trường hợp ngày nghỉ không do pháp luật quy định (　　)%

(c) 深夜　(　　　) %

Lao động vào ban đêm (　　　)%

4．賃金締切日　□ 毎月　　日、□ 毎月　　日

Ngày tính lương: Ngày　hàng tháng, Ngày　hàng tháng

5．賃金支払日　□ 毎月　　日、□ 毎月　　日

Ngày trả lương: Ngày　hàng tháng, Ngày　hàng tháng

6．賃金支払方法　□ 通貨払　□ 口座振込み

Phương thức thanh toán lương: Trả tiền mặt　Chuyển khoản ngân hàng

7．労使協定に基づく賃金支払時の控除　□ 無　□ 有

Khấu trừ khi thanh toán lương theo Thỏa thuận quản lý lao động: Không　Có

※詳細は別紙のとおり Cụ thể như văn bản kèm theo

8．昇給　□ 有（時期、金額等　　　）、□ 無

Tăng lương　Có (Thời điểm, số tiền, v.v...　　　), Không

9．賞与　□ 有（時期、金額等　　　）、□ 無

Thưởng　Có (Thời điểm, số tiền, v.v...　　　), Không

10．退職金　□ 有（時期、金額等　　　）、□ 無

Trợ cấp thôi việc　Có (Thời điểm, số tiền, v.v...　　　), Không

11．休業手当　□ 有（率　　　）

Phụ cấp ngừng kinh doanh　Có (Tỷ lệ　　　), Không

VIII. 退職に関する事項 Những mục liên quan đến thôi việc

1．自己都合退職の手続（退職する_______日前に社長・工場長等に届けること）

Thủ tục tự ý thôi việc (Trình lên Giám đốc Công ty, Giám đốc nhà máy, v.v... _____ngày trước khi thôi v iệc)

2．解雇の事由及び手続 Lý do và thủ tục sa thải

解雇は、やむを得ない事由がある場合に限り少なくとも30日前に予告をするか、又は30日分以上の平均賃金を支払って解雇する。技能実習生の責めに帰すべき事由に基づいて解雇する場合には、所轄労働基準監督署長の認定を受けることにより予告も平均賃金の支払も行わず即時解雇されることもあり得る。

Tổ chức thực hiện Thực tập kỹ năng chỉ sa thải Thực tập sinh kỹ năng trong trường hợp bất khả kháng, khi sa thải phải báo trước ít nhất 30 ngày hoặc trả cho Thực tập sinh kỹ năng một khoản tiền lương trung bình của tối thiểu 30 ngày. Trường hợp nguyên nhân sa thải thuộc về thực tập sinh mà đã được sự chấp thuận của người đứng đầu cơ quan có thẩm quyền giám sát tiêu chuẩn lao động thì Tổ chức thực hiện Thực tập kỹ năng có thể sa thải ngay mà không phải báo trước hoặc không phải trả tiền lương trung bình.

○詳細は、就業規則 第　条～第　条、第　条～第　条

* Cụ thể tham khảo ở Nội quy lao động: Điều__đến Điều__, Điều___đến Điều___

IX. その他 Những mục khác

・社会保険の加入状況 （□ 厚生年金 、□ 国民年金 、□ 健康保険 、□ 国民健康保険 、□ その他（　　））

Tình hình tham gia bảo hiểm xã hội (Lương hưu, Lương hưu quốc dân, Bảo hiểm sức khỏe, Bảo hiểm sức khỏe quốc dân, Khác (　))

・労働保険の適用 （□ 雇用保険 、□ 労災保険）

Áp dụng bảo hiểm lao động (Bảo hiểm việc làm, Bảo hiểm tai nạn lao động)

・雇入れ時の健康診断　　年　　月

Khám sức khỏe khi được nhận vào công ty: Năm　Tháng

・初回の定期健康診断　　年　　月 （その後　　ごとに実施）

Khám sức khỏe định kỳ lần đầu: Năm　Tháng (Sau đó khám mỗi　/1 lần)

受取人（署名）Chữ ký của thực tập sinh kỹ năng

参考様式第1-15号別紙(規則第8条第13号関係)ベトナム語　　　　　　　　　　　　　　　　(日本工業規格A列4)
Mẫu tham khảo đính kèm số 1-15 (Theo Điều 8 Khoản 13 Nội quy) Tiếng Việt
(Tiêu chuẩn công nghiệp Nhật Bản A4)

A・B・C・D・E・F

賃　金　の　支　払

THANH TOÁN LƯƠNG

1．基本賃金 Lương cơ bản

□ 月給（　　　円）　□ 日給（　　　円）　□ 時間給（　　　円）

Lương tháng (　　Yên)　Lương ngày (　　Yên)　Lương giờ (　　Yên)

※月給・日給の場合の1時間当たりの金額（　　　円）

Số tiền được nhận mỗi giờ, trường hợp lương tháng / lương ngày (　　Yên)

※日給・時給の場合の1か月当たりの金額（　　　円）

Số tiền được nhận mỗi tháng, trường hợp lương ngày/ lương giờ (　　Yên)

2．諸手当の額及び計算方法（時間外労働の割増賃金は除く。）

Những phụ cấp khác và cách tính (Không kể lương làm ngoài giờ.)

(a)（　　　手当　　　円／計算方法：　　　）

(Phụ cấp　　:　　Yên/ Cách tính:　　)

(b)（　　　手当　　　円／計算方法：　　　）

(Phụ cấp　　:　　Yên/ Cách tính:　　)

(c)（　　　手当　　　円／計算方法：　　　）

(Phụ cấp　　:　　Yên/ Cách tính:　　)

(d)（　　　手当　　　円／計算方法：　　　）

(Phụ cấp　　:　　Yên/ Cách tính:　　)

3．1か月当たりの支払概算額（1＋2）　　　約　　　円（合計）

Số tiền ước tính thanh toán mỗi tháng (1+2):　　　Khoảng　　Yên (Tổng cộng)

4．賃金支払時に控除する項目 Những khoản khấu trừ khi thanh toán lương

(a) 税　　金　（約　　円）
Thuế　(Khoảng　　Yên)

(b) 社会保険料　（約　　円）
Bảo hiểm xã hội　(Khoảng　　Yên)

(c) 雇用保険料　（約　　円）
Bảo hiểm việc làm　(Khoảng　　Yên)

(d) 食　　費　（約　　円）
Tiền ăn　(Khoảng　　Yên)

(e) 居　住　費　（約　　円）
Tiền thuê nhà　(Khoảng　　Yên)

(f) その他　（水道光熱費）　（約　　円）
Những khoản khác (Tiền điện nước ga) (Khoảng　　Yên)

（　　）　（約　　円）
(Khoảng　　Yên)

（　　）　（約　　円）
(Khoảng　　Yên)

（　　）　（約　　円）
(Khoảng　　Yên)

（　　）　（約　　円）
(Khoảng　　Yên)

（　　）　（約　　円）
(Khoảng　　Yên)

控除する金額　約　　円（合計）
Số tiền khấu trừ　Khoảng　　Yên (Tổng cộng)

5．手取り支給額（3－4）　約　　円（合計）
Số tiền thanh toán thực tế (3-4)　Khoảng　　Yên (Tổng cộng)

※欠勤等がない場合であって、時間外労働の割増賃金等は除く。

* Trường hợp không có ngày nghỉ, không kể lương làm ngoài giờ, v.v....

● 参考文献・ホームページ

「外国人技能実習制度概説」公益財団法人国際研修協力機構

「総合パンフレット」公益財団法人国際研修協力機構

「事業主等の皆さんに役立つ外国人技能実習制度活用のためのＱ＆Ａ」
公益財団法人国際研修協力機構

「外国人の雇用に関するＱ＆Ａ」東京労働局職業安定部　ハローワーク

「外国人就労者の入国手続・労務管理」布施直春著　中央経済社

改正「外国人技能実習制度の実務」労働新聞社
「外国人技能実習生総合保険のご案内」株式会社国際研修サービス

「農業分野における外国人技能実習制度（全国農業会議所）
よくある質問Ｑ＆Ａ」全国農業会議所ホームページ

「協同組合　国際事業研究会　よくある質問（外国人技能実習生総合保険について）」
国際事業研究会ホームページ

公益財団法人国際研修協力機構ホームページ

一般社団法人建設技能人材機構ホームページ

一般財団法人建設業振興基金ホームページ

建設業労働災害防止協会ホームページ

法務省出入国在留管理庁ホームページ

厚生労働省ホームページ

国土交通省ホームページ

建設労務安全研究会

労務管理委員会　賃金福祉小委員会（建設業における外国人技能実習制度と不法就労防止初版）

委員長	諏訪嘉彦	東急建設（株）
小委員長	細谷浩昭	鉄建建設（株）
編集委員	石堂　基	西松建設（株）
	上島英治	（株）淺沼組
	大塚重男	（株）不動テトラ
	塩畑修一	株木建設（株）
	西尾　敦	松井建設（株）
	元井昭浩	佐藤工業（株）

建設業における外国人技能実習制度と不法就労防止改訂版
外国人建設労働者の現場受入れのポイント委員会

細谷浩昭	鉄建建設（株）
宮澤政裕	事務局

外国人建設労働者の現場受入れのポイント

2019年11月27日初版

編　者　　建設労務安全研究会
発行所　　株式会社労働新聞社
〒173-0022　東京都板橋区仲町29-9
TEL：03-3956-3151　FAX：03-3956-1611
https://www.rodo.co.jp/
pub@rodo.co.jp
装　丁　　尾﨑 篤史
印　刷　　株式会社ビーワイエス

ISBN 978-4-89761-787-9